Anwendung programmierbarer Taschenrechner

Band 6

von Helmut Alt

Anwendung programmierbarer Taschenrechner

Band 1	Angewandte Mathematik – Finanzmathematik – Statistik – Informatik für UPN-Rechner, von H. Alt
Band 2	Allgemeine Elektrotechnik – Nachrichtentechnik – Impulstechnik für UPN-Rechner, von H. Alt
Band 3/I	Mathematische Routinen der Physik, Chemie und Technik für AOS-Rechner Teil I, von P. Kahlig
Band 3/II	Mathematische Routinen für Physik, Chemie und Technik für AOS-Rechner Teil II, von P. Kahlig
Band 4	Statik – Kinematik – Kinetik für AOS-Rechner, von H. Nahrstedt
Band 5	Numerische Mathematik. Programme für den TI-59, von J. Kahmann
Band 6	Elektrische Energietechnik – Steuerungstechnik – Elektrizitätswirtschaft für UPN-Rechner, von H. Alt

Anwendung programmierbarer Taschenrechner

Band 6

Helmut Alt

Elektrische Energietechnik
Steuerungstechnik
Elektrizitätswirtschaft

für UPN-Rechner

Mit 18 Programmen

Springer Fachmedien Wiesbaden GmbH

CIP-Kurztitelaufnahme der Deutschen Bibliothek

Alt, Helmut:
Elektrische Energietechnik, Steuerungstechnik, Elektrizitätswirtschaft für UPN-Rechner: mit 18 Programmen/Helmut Alt. – Braunschweig, Wiesbaden: Vieweg, 1980.
(Anwendung programmierbarer Taschenrechner; Bd. 6)
ISBN 978-3-528-04180-9 ISBN 978-3-322-96314-7 (eBook)
DOI 10.1007/978-3-322-96314-7

1980

Alle Rechte vorbehalten
© Springer Fachmedien Wiesbaden 1980
Ursprünglich erschienin bei Friedr. Vieweg & Sohn Verlagsgesellschaft mbH, Braunschweig 1980

Die Vervielfältigung und Übertragung einzelner Textabschnitte, Zeichnungen oder Bilder, auch für Zwecke der Unterrichtsgestaltung, gestattet das Urheberrecht nur, wenn sie mit dem Verlag vorher vereinbart wurden. Im Einzelfall muß über die Zahlung einer Gebühr für die Nutzung fremden geistigen Eigentums entschieden werden. Das gilt für die Vervielfältigung durch alle Verfahren einschließlich Speicherung und jede Übertragung auf Papier, Transparente, Filme, Bänder, Platten und andere Medien.

Satz: Friedr. Vieweg & Sohn, Braunschweig

ISBN 978-3-528-04180-9

Vorwort

Die mit dem Gebiet der angewandten Mathematik und Finanzmathematik in Band 1 begonnene und mit Anwendungsproblemen auf dem Gebiet der Allgemeinen Elektrotechnik mit Band 2 fortgesetzte Reihe „Anwendung programmierbarer Taschenrechner" wird mit dem vorliegenden Band um die Fachgebiete Elektrische Energietechnik, Steuerungstechnik und Elektrizitätswirtschaft erweitert.

Dieser Band wendet sich insbesondere an Ingenieure in Energieversorgungsunternehmen (EVU's) und Industrieunternehmen, die an einer rationellen und systematischen Bearbeitung sich wiederholender Aufgabenstellungen aus den genannten Fachgebieten interessiert sind. Studenten an Technischen Hochschulen und Fachhochschulen erhalten einen Einblick in die Möglichkeiten und Grenzen der Anwendung programmierbarer Taschenrechner.

Dem Leser wird ein Nachschlagefundus mit Beispielen für programmierte Aufgabenlösungen praktischer Anwendungsfälle in die Hand gegeben. Die hierbei gegebenen Programmierhinweise haben den Zweck, die Ausarbeitung spezieller, auf die eigene Problemstellung zugeschnittene Programme zu erleichtern.

Zu den Aufgabenstellungen werden die mathematischen und vertragsrechtlichen Grundlagen nur soweit dargestellt, wie es zur Programmierung des Lösungsalgorithmus erforderlich ist. Zum tieferen Eindringen in die jeweilige Thematik wird auf die vorhandene Fachliteratur verwiesen.

Die angegebenen Programme sind auf die Rechner HP 67, HP 97 und HP 41 C für UPN-Technik mit Magnetkartenleser und ggf. Thermodrucker zugeschnitten. Mit Hilfe der angegebenen Lösungsgleichungen und den Hinweisen zu der jeweiligen Programmstruktur sind die Programme jedoch auch auf andere Rechnersysteme übertragbar. Der Verfasser geht davon aus, daß die den Rechnern aller Systeme zugehörigen Bedienungshandbücher und die hierzu vorliegende Sekundärliteratur alle Fragen zur eigentlichen Bedienung und praktischen Einübung umfassend beantworten.

Der vorliegende Band soll als Lehr- und Arbeitsbuch eine Brücke zwischen den objektiven Möglichkeiten der Technik (Hardware) und den subjektiven Fähigkeiten zu einer rechnergerechten Problemanalyse und rationellen Problemlösung (Software) bauen.

Dank gebührt Herrn Dipl.-Ing. J. Hildebrandt sowie vielen Ingenieuren im Hause RWE für fruchtbringende Fachdiskussionen und Anregungen. Weiter habe ich wiederum zu danken Frau E. Lindenlauf für die Übernahme der Schreibarbeiten und Frau G. Stüsser für die Ausführung der Zeichenarbeiten. Danken möchte ich auch den Herren H. J. Niclas und M. Langfeld, Lektoren im Vieweg Verlag, für die fortdauernd gute Betreuung der Arbeit, dem Verlag für die gute Aufnahme und der Firma Hewlett-Packard für die freundliche Unterstützung. Nicht zuletzt gilt besonderer Dank meiner Frau und meinen Kindern, durch deren Verständnis mir auch die Bearbeitung dieses Bandes wiederum möglich wurde.

Aachen-Brand, Juli 1980

Inhaltsverzeichnis

1 Einführung

1.1 Allgemeines

In Fortsetzung des mit den Bänden 1 und 2 dieser Reihe vorgegebenen Angebotes von Programmen zur Lösung allgemein-mathematischer und elektronischer Aufgabenstellungen mit den programmierbaren Rechnern HP 67/97 und HP 41C (UPN-Technik) soll in diesem Band das Angebot schwerpunktmäßig auf die Fachgebiete elektrische Energietechnik und Energiewirtschaft erweitert werden. Zu den nach programmiertechnischen Gesichtspunkten aufgegriffenen Problemstellungen werden alle zur Beschreibung einer programmierten Lösung erforderlichen Beziehungen angegeben. Mit Hilfe der zu jedem Thema angegebenen Fachliteratur kann der Leser auch ein vertieftes Verständnis der Lösungsalgorithmen erlangen sowie auf andere Lösungsverfahren hingewiesen werden. Die Arbeitsweise der Programme sollte zunächst mit Hilfe der angegebenen Test- oder Anwendungsbeispiele erprobt werden. In Verbindung mit der Programmbeschreibung und der Anweisungsliste sind individuelle Programmänderungen oder Programmergänzungen leicht möglich.

1.2 Programmkompatibilität

Die angegebenen Programme sind im Entwurf für die Rechner HP 67/97 konzipiert. Mit Hilfe des Kartenlesers HP 82 104 A können sie jedoch auch unmittelbar in den Rechner HP 41C übernommen werden [1]. Da bei diesem Rechner die vorhandenen Register frei wählbar als Programm- oder Datenspeicher verfügbar sind, ist die vorherige Definition von 26 Datenregister erforderlich (SIZE 026). Die Startadresse Label A bis E bzw. Label a bis e bleiben unverändert gültig. R/S-Anweisungen innerhalb eines Programms werden zum Zwecke der Dateneingabe in STOP-Anweisungen umgesetzt. Bei Datenzuordnungen vor dem Programmstart über die Tastatur sind anstelle der Datenspeicher A bis E und I die Register 20 bis 25 anzusprechen. Die Primär- und Sekundärregister sind entsprechend den Registeradressen 00 bis 19 zugeordent. Es ist zu beachten, daß die HP 67/97-Programme nur bei eingestecktem Kartenleser ablauffähig sind. Die angegebenen Rechenzeiten werden bei Verwendung des HP 41C erheblich unterschritten.

Um die erweiterten Möglichkeiten des mit alphanumerischer Tastatur versehenen Rechners HP 41C zu nutzen, ist es zweckmäßig, bei Anwendung der angegebenen Programme eine Überarbeitung bezüglich einer benutzerfreundlichen Ausstattung der Ein-Ausgabeanweisungen mit Texthinweisen vorzusehen. Da bei diesen Rechnern im USER-Modus beliebigen Tasten Klartext-Adressen für die einzelnen Programme zugeordnet werden können, läßt sich eine übersichtliche Programmdokumentation der im permanenten Speicher abgelegten Programme verwirklichen.

2 Elektrische Energietechnik

2.1 Strahlennetzberechnung

In Energieversorgungsnetzen nimmt das Strahlennetz als Betriebsschaltung im Niederspannungs- und Mittelspannungsbereich eine dominierende Stellung ein. Die Berechnung der Strom- und Spannungswerte einer einseitig gespeisten Leitung ist daher eine häufige Aufgabenstellung, die in programmierter Form zu einer erheblichen Arbeitsersparnis führt.

Im praktischen Bereich treten zwei unterschiedliche Fragestellungen auf:

1. Zu einer gegebenen Verteilung von Einzellasten ist der maximale Spannungsabfall zu bestimmen.
2. Zu einer gegebenen Verteilung von Einzellasten ist bei vorgegebenem, maximalem Spannungsabfall am Leitungsende die noch freie Leistungsreserve an der Stelle l_x zu bestimmen.

2.1.1 Berechnungsgrundlagen

Eine einseitig gespeiste Leitung sei durch n Lastabnahmepunkte gekennzeichnet:

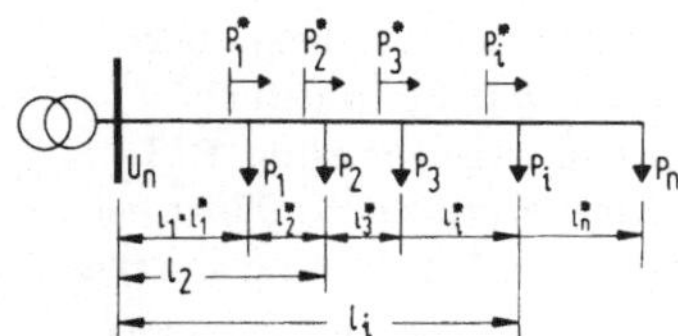

Bild 2.1.1

Einseitig gespeiste Leitung mit n Lastentnahmen

Für den Spannungsabfall in Längs- und Querrichtung zur Speisespannung $\underline{U}$ (Strangspannung) gilt bei Vernachlässigung der partiellen Drehung des Spannungszeigers und symmetrische Drehstromlast näherungsweise [2]:

$$\Delta U_l = \sum_{i=1}^{n} I_i \cos\varphi_i \left[\sum_j (R'_{ij} + X'_{ij} \tan\varphi_i)\, l_{ij}\right] \qquad (2.1.1)$$

$$\Delta U_q = \sum_{i=1}^{n} I_i \cos\varphi_i \left[\sum_j (X'_{ij} - R'_{ij} \tan\varphi_i)\, l_{ij}\right] \qquad (2.1.2)$$

In Energieversorgungsnetzen wird bei gleicher Leitungsart (Kabelnetz oder Freileitungsnetz) in der Regel für die Stromkreisleitungen unabhängig von der Belastung ein einheitlicher Querschnitt verlegt. Daher kann man im allgemeinen mit einheitlichen Leitungsdaten und außerdem mit einem einheitlichen Leistungsfaktor $\cos\varphi$ rechnen. Dadurch ist es zweckmäßig, an Stelle der Ströme die Verbraucher-Leistungen einzuführen:

$$\Delta U_l = \frac{1}{U_n\sqrt{3}} (R' + X' \tan\varphi) \sum_{i=1}^{n} P_i\, l_i \qquad (2.1.3)$$

$$\Delta U_q = \frac{1}{U_n\sqrt{3}} (X' - R' \tan\varphi) \sum_{i=1}^{n} P_i\, l_i \qquad (2.1.4)$$

Mit dem relativen Spannungsabfall $\Delta u = \frac{\Delta U}{U_n}\sqrt{3}$ gilt:

$$\Delta u_l = \frac{1}{U_n^2} (R' + X' \tan\varphi) \sum_{i=1}^{n} P_i\, l_i \qquad (2.1.5)$$

$$\Delta u_q = \frac{1}{U_n^2} (X' - R' \tan\varphi) \sum_{i=1}^{n} P_i\, l_i \qquad (2.1.6)$$

$$\Delta u = \sqrt{\Delta u_l^2 + \Delta u_q^2} \qquad (2.1.7)$$

Bei vorgegebenem relativen Längsspannungsabfall errechnet sich die freie Leistung P_x an der Stelle x zu:

$$P_x = \frac{1}{l_x}\left[\frac{\Delta u_l\, U_n^2}{(R' + X' \tan\varphi)} - \sum_{\substack{i=1\\ i \neq x}}^{n} P_i\, l_i\right] \qquad (2.1.8)$$

2.1.2 Programmstruktur

Das Programm enthält fünf Startadressen Label E, Label e, Label A, Label B und Label C. Mit Label E bzw. Label e wird der Eingabeteil zur Bildung der Lastmoment-Summe $\Sigma P_i\, l_i$ aufgerufen. Bei Aufruf über Label E sind als Längeneingaben l_i jeweils die Entfernungen vom Einspeisepunkt bis zum jeweiligen Lastpunkt anzugeben, wogegen bei Aufruf über Label e als Längenangaben l_i^* jeweils die dem Punkt i vorgelagerte Abschnittsentfernungen anzugeben sind.

Über die Startadresse Label A werden der relative Spannungsabfall Δu_l, Δu_q und Δu sowie der gesamte Einspeisestrom bestimmt, während über die Startadresse Label B die noch freie Leistung an der Stelle l_x und der gesamte Einspeisestrom bestimmt werden.

Vor dem Programmstart müssen folgende Eingabewerte bereitgestellt werden:

Nennspannung U_n in V ⇒ STO A
Querschnitt der Leitung A in mm^2 ⇒ STO B
(Bei Cu-Leiterwerkstoff als positiver Zahlenwert,
bei Al-Leiterwerkstoff als negativer Zahlenwert).
Leitungsreaktanz X' in Ω/km ⇒ STO C
Leistungsfaktor $\cos\varphi$ ⇒ STO D

Bei Start über Label B sind zusätzlich bereitzustellen:

Relativer Spannungsabfall Δu in % ⇒ STO E
Entfernung des freien Lastpunktes von der Einspeisestelle l_x in m ⇒ X-Register

Falls für die Leitungsreaktanz X' kein Wert eingegeben wurde, d.h. STO C enthält den Wert Null, wird programmgemäß mit dem Standardwert der Leitungsreaktanz für Kabel $X' = 0{,}1\ \Omega/km$ gerechnet.

Ebenso wird ggf. für den Leistungsfaktor als Standardwert $\cos\varphi = 0{,}9$ induktiv gesetzt. Kapazitive Leistungsfaktoren sind mit negativem Vorzeichen einzugeben.

Für die Eingabe der Daten zur Bildung der Lastmomente über Label E hält das Programm mit der Anzeige eines fortlaufenden Indizes für den jeweiligen Lastpunkt 1, 2, 3 ... an. Es ist zuerst die Leistung in kW und anschließend die Leitungslänge in m einzugeben und durch Betätigung der R/S-Taste zu quittieren.

Der Programmteil mit der Startadresse Label C dient zur Berechnung des Gesamtstromes auf Grund der Summe aller eingegebenen Leistungswerte. Bei Aufruf der Programmvariante Label B wird der Gesamtstrom unter Berücksichtigung der freien Leistung ermittelt.

2.1.3 Programmbeschreibung „Strahlennetz"

Das Programm umfaßt 128 Programmzeilen. Zur internen Bearbeitung werden die Speicher STO 0 bis STO 6 benutzt. Das Eingabeprogramm für die Längenangaben l_i jeweils vom Einspeisepunkt bis zum Lastpunkt beginnt in Zeile 001 mit der Startadresse Label E. In Zeile 002 werden durch Aufruf des Unterprogramms Label 4 die Speicher STO 1 bis STO 3 und das Indexregister Null gesetzt. Zwischen den Zeilen 003 und 011 ist eine Eingabeschleife programmiert. In Zeile 006 hält das Programm mit Anzeige des laufenden Indizes für den Lastpunkt an. Nach Eingabe der Wirkleistung und der Länge wird in STO 3 die Summe der eingegebenen Wirkleistungen gebildet. In STO 1 werden die Lastmomente $P \cdot l$ aufaddiert.

Das Eingabeprogramm Label e zwischen den Zeilen 012 und 024 benötigt als Längeneingaben die Abschnittslängen zwischen den einzelnen Lastpunkten. Diese werden in STO 2 aufaddiert, so daß nach der letzten Eingabe und Quittierung durch die R/S-Taste in STO 2 die gesamte Leitungslänge abgespeichert ist. Die Programmvariante zur Berechnung des relativen Spannungsabfalls beginnt mit Label A in Zeile 033. Für die Auswertung der Gln. (2.1.5 u. 2.1.6) ist das Unterprogramm Label a ab Zeile 073 vorgesehen. Über die Abfrage in Zeile 076 werden positive Querschnittswerte aus STO B als Kupfer-Leiterwerkstoff mit $\kappa = 55\ \frac{m}{\Omega\,mm^2}$ und negative Querschnittswerte als Aluminium-Leiterwerkstoff mit $\kappa = 33\ \frac{m}{\Omega\,mm^2}$ interpretiert. In Zeile 088 wird der Wert für R' nach STO 5 abgespeichert. In Zeile 090 wird abgefragt, ob für die bezogene Leitungsreaktanz ein Wert ungleich Null in STO C eingegeben wurde. Falls dies nicht der Fall ist, wird ein Standardwert für Kabel mit $X' = 0{,}1$ gesetzt und der auf die Längeneinheit Meter bezogene Wert in Zeile 099 nach STO 6 abgespeichert. Mit Hilfe der Abfrage in Zeile 101 wird für den Leistungsfaktor ebenfalls ein Standardwert $\cos\varphi = 0{,}9$ induktiv gesetzt, falls in STO D kein Wert ungleich Null vorgegeben wurde.

Mit den vorbereiteten Werten für die Berechnung des Längsspannungsabfalls in STO 4 und für den Querspannungsabfall in STO 5 erfolgt der Rücksprung in das rufende Programm. In den Zeilen 035 bis 037 wird mit Hilfe der Registerarithmetik die Multiplikation mit den Lastmomenten vorgenommen und damit die Prozentwerte für den Längsspannungsabfall in STO 4 und für den Querspannungsabfall in STO 5 gebildet. Der Längsspannungsabfall wird in den Zeilen 039 und 041 angezeigt und ggf. ausgedruckt. Anschließend wird der Querspannungsabfall in einer kurzen Pause angezeigt.

In Zeile 046 erfolgt ein Sprung in den Programmteil Label C zur Berechnung des gesamten Einspeisestromes.

Die Programmvariante zur Berechnung der freien Leistung an einer durch die Längenangabe im X-Register bezeichneten Stelle l_x beginnt in Zeile 047 mit der Startadresse Label B. Das Ergebnis gemäß Gl. (2.1.8) wird in Zeile 057 als Leistungswert in kW ausgegeben. Zum Abschluß wird zu der neuen Gesamtleistung der Einspeisestrom durch den Sprung nach Label C berechnet.

Der Programmteil C kann auch nach Eingabe eines Leistungswertes im X-Register direkt zur Berechnung des Stromes aufgerufen werden.

Tabelle 2.1.1 Anweisungsliste „Strahlennetz"

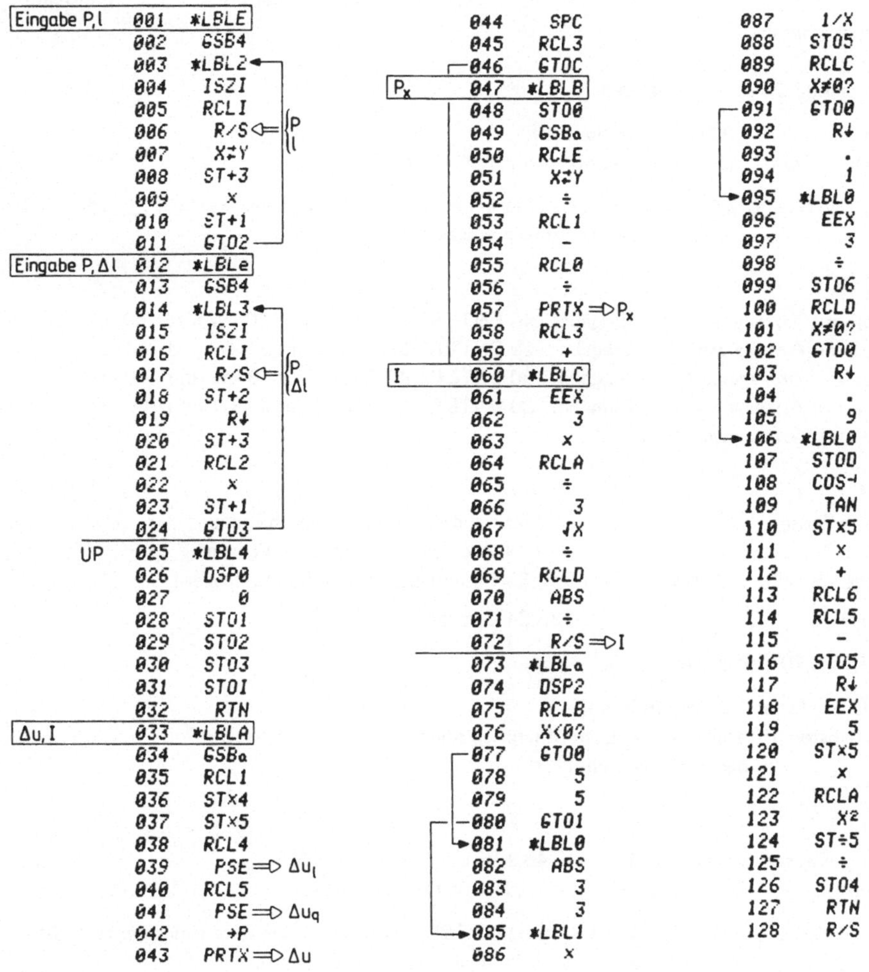

```
Eingabe P,l   001 *LBLE          044 SPC              087 1/X
              002 GSB4           045 RCL3             088 STO5
              003 *LBL2          046 GTOC             089 RCLC
              004 ISZI      Px   047 *LBLB            090 X≠0?
              005 RCLI           048 STO0             091 GTO0
              006 R/S <= P,l     049 GSBa             092 R↓
              007 X⇄Y            050 RCLE             093 .
              008 ST+3           051 X⇄Y              094 1
              009 ×              052 ÷                095 *LBL0
              010 ST+1           053 RCL1             096 EEX
              011 GTO2           054 -                097 3
Eingabe P,Δl  012 *LBLe          055 RCL0             098 ÷
              013 GSB4           056 ÷                099 STO6
              014 *LBL3          057 PRTX => Px       100 RCLD
              015 ISZI           058 RCL3             101 X≠0?
              016 RCLI           059 +                102 GTO0
              017 R/S <= P,Δl I  060 *LBLC            103 R↓
              018 ST+2           061 EEX              104 .
              019 R↓             062 3                105 9
              020 ST+3           063 ×                106 *LBL0
              021 RCL2           064 RCLA             107 STOD
              022 ×              065 ÷                108 COS-1
              023 ST+1           066 3                109 TAN
              024 GTO3           067 √X               110 ST×5
UP            025 *LBL4          068 ÷                111 ×
              026 DSP0           069 RCLD             112 +
              027 0              070 ABS              113 RCL6
              028 STO1           071 ÷                114 RCL5
              029 STO2           072 R/S => I         115 -
              030 STO3           073 *LBLa            116 STO5
              031 STOI           074 DSP2             117 R↓
              032 RTN            075 RCLB             118 EEX
Δu, I         033 *LBLA          076 X<0?             119 5
              034 GSBa           077 GTO0             120 ST×5
              035 RCL1           078 5                121 ×
              036 ST×4           079 5                122 RCLA
              037 ST×5           080 GTO1             123 X²
              038 RCL4           081 *LBL0            124 ST÷5
              039 PSE => Δul     082 ABS              125 ÷
              040 RCL5           083 3                126 STO4
              041 PSE => Δuq     084 3                127 RTN
              042 →P             085 *LBL1            128 R/S
              043 PRTX => Δu     086 ×
```

2.1.4 Test- und Anwendungsbeispiel

Aus einer Ortsnetzstation ist ein 250 m langes Niederspannungskabel 150 mm² Aluminium zur Versorgung von 40 Kundenanlagen, die zu 4 Lastentnahmepunkten zusammengefaßt werden, verlegt:

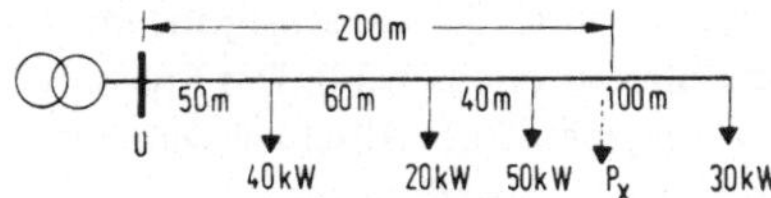

Bild 2.1.2 Einseitig gespeiste Leitung mit 5 Lastentnahmen

1. Für die gegebene Belastung ist der relative Spannungsabfall am Leitungsende zu bestimmen.
2. Es ist die freie Leistung an der Stelle l_x = 200 m für 5 % Spannungsabfall am Leitungsende zu bestimmen.

Es sind folgende Eingaben zu tätigen:

380 STO A (Nennspannung in V)
− 150 STO B (Leiterquerschnitt in mm² Al)

In STO C und STO D werden keine Werte eingegeben, d.h. für X' wird der Wert 0,1 $\frac{\Omega}{km}$ und für den Leistungsfaktor $\cos\varphi$ wird der Wert 0,9 intern eingesetzt.

Start [f] [e]:

Nach Stop mit Anzeigewert 1	Eingabe:	40 ENTER 50 R/S	(für 40 kW und 50 m)
Nach Stop mit Anzeigewert 2	Eingabe:	20 ENTER 60 R/S	(für 20 kW und 60 m)
Nach Stop mit Anzeigewert 3	Eingabe:	50 ENTER 40 R/S	(für 50 kW und 40 m)
Nach Stop mit Anzeigewert 4	Eingabe:	30 ENTER 100 R/S	(für 30 kW und 100 m)
Nach Stop mit Anzeigewert 5			

Start [A]:

1. kurze Pause: 3,33 Längsspannungsabfall in Prozent
2. kurze Pause: 0,03 Querspannungsabfall in Prozent
3. lange Pause bzw. Ausdruck: 3,33 Gesamtspannungsabfall in Prozent
4. Stop: 236,34 Gesamtstrom I in A

Rechenzeit rd. 10 Sekunden

5 STO E (Spannungsabfall in %)
200 X-Register (Entfernung des Lastentnahmepunktes für die freie Leistung zu der Einspeisestelle)

Start [B]:

1. Lange Pause bzw. Ausdruck: 48,14 freie Leistung in kW
2. Stop: 317,61 Gesamtstrom in A

Da der thermische Grenzstrom für die Leitung nur 275 A beträgt, ist die Belastungsgrenze nicht durch den Spannungsabfall sondern durch den Belastungsstrom begrenzt.

Rechenzeit rd. 10 Sekunden

2.2 Maschennetzberechnung

2.2.1 Reelle Lastflußberechnung nach der Newton-Raphson-Methode

In Band 1 dieser Reihe sind die mathematischen Grundlagen der Newton-Raphson-Methode dargestellt. Für ein Netz mit 4 Knotenpunkten gemäß Bild 2.2.1 soll hier eine Lastflußberechnung unter Anwendung dieser iterativen Berechnungsmethode bei Vernachlässigung der Phasendrehung der einzelnen Knotenpunktspannungen bei ohmscher Belastung programmiert werden [3].

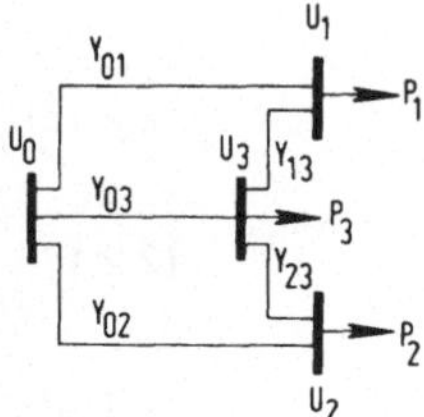

Bild 2.2.1 4-Knoten-Netz

Für das in Bild 2.2.1 dargestellte Netz läßt sich mit Hilfe der Knotenpunktanalyse folgendes Gleichungssystem angeben:

$$(U_0 - U_1)\, Y_{01} + (U_3 - U_1)\, Y_{31} = I_1 \qquad (2.2.1)$$

$$(U_0 - U_2)\, Y_{01} + (U_3 - U_2)\, Y_{32} = I_2 \qquad (2.2.2)$$

$$(U_0 - U_3)\, Y_{03} + (U_1 - U_3)\, Y_{13} + (U_2 - U_3)\, Y_{23} = I_3 \qquad (2.2.3)$$

Durch Zusammenfassung der Knotenadmittanzen:

$$Y_{11} = -(Y_{01} + Y_{31}) \qquad (2.2.4)$$

$$Y_{22} = -(Y_{02} + Y_{32}) \qquad (2.2.5)$$

$$Y_{33} = -(Y_{03} + Y_{13} + Y_{23}) \qquad (2.2.6)$$

ergibt sich:

$$U_1\, Y_{11} + U_3\, Y_{13} = I_1 - U_0\, Y_{01} \qquad (2.2.7)$$

$$U_2\, Y_{22} + U_3\, Y_{23} = I_2 - U_0\, Y_{02} \qquad (2.2.8)$$

$$U_1\, Y_{31} + U_2\, Y_{32} + U_3\, Y_{33} = I_3 - U_0\, Y_{03} \qquad (2.2.9)$$

Multipliziert man die Gln. (2.2.7 bis 2.2.9) mit den Spannungen aus der Diagonalen der linken Seite, so ergibt sich nach Umstellung der rechten Seite:

$$f_1 = U_1^2\, Y_{11} + U_1 U_3\, Y_{13} + U_1 U_0\, Y_{01} - P_1 = 0 \qquad (2.2.10)$$

$$f_2 = U_2^2\, Y_{22} + U_2 U_3\, Y_{23} + U_2 U_0\, Y_{02} - P_2 = 0 \qquad (2.2.11)$$

$$f_3 = U_3 U_1\, Y_{31} + U_3 U_2\, Y_{32} + U_3^2\, Y_{33} + U_3 U_0\, Y_{03} - P_3 = 0 \qquad (2.2.12)$$

Die Elemente der Jacobi-Matrix ergeben sich durch partielle Differentation der Gln. (2.2.10 bis 2.2.12).

Für die erste Zeile der Jacobi-Matrix gilt:

$$\frac{\partial f_1}{\partial U_1} = 2\,U_1\,Y_{11} + U_3\,Y_{13} + U_0\,Y_{01} = a_{11} \tag{2.2.13}$$

$$\frac{\partial f_1}{\partial U_2} = 0 = a_{12} \tag{2.2.14}$$

$$\frac{\partial f_1}{\partial U_3} = U_1\,Y_{13} = a_{13} \tag{2.2.15}$$

Für die zweite Zeile der Jacobi-Matrix gilt:

$$\frac{\partial f_2}{\partial U_1} = 0 = a_{21} \tag{2.2.16}$$

$$\frac{\partial f_2}{\partial U_2} = 2\,U_2\,Y_{22} + U_3\,Y_{23} + U_0\,Y_{02} = a_{22} \tag{2.2.17}$$

$$\frac{\partial f_2}{\partial U_3} = U_2\,Y_{23} = a_{23} \tag{2.2.18}$$

Für die dritte Zeile der Jacobi-Matrix gilt:

$$\frac{\partial f_3}{\partial U_1} = U_3\,Y_{31} = a_{31} \tag{2.2.19}$$

$$\frac{\partial f_3}{\partial U_2} = U_3\,Y_{32} = a_{32} \tag{2.2.20}$$

$$\frac{\partial f_3}{\partial U_3} = 2\,U_3\,Y_{33} + U_1\,Y_{31} + U_2\,Y_{32} + U_0\,Y_{03} = a_{33} \tag{2.2.21}$$

Mit Gl. (4.8.5) aus Band 1 dieser Reihe ergibt sich als erste Näherungsgleichung:

$$\begin{bmatrix} a_{11} & 0 & a_{13} \\ 0 & a_{22} & a_{23} \\ a_{31} & a_{32} & a_{33} \end{bmatrix} \begin{bmatrix} \Delta U_1^{(0)} \\ \Delta U_2^{(0)} \\ \Delta U_3^{(0)} \end{bmatrix} = - \begin{bmatrix} f_1 \\ f_2 \\ f_3 \end{bmatrix} \tag{2.2.22}$$

Für die Auflösung der Gl. (2.2.22) wird das Gaußsche Eliminationsverfahren angewandt:

$$\begin{bmatrix} a_{11} & 0 & a_{13} \\ 0 & a_{22} & a_{23} \\ 0 & 0 & \overset{*}{a}_{33} \end{bmatrix} \begin{bmatrix} \Delta U_1^{(0)} \\ \Delta U_2^{(0)} \\ \Delta U_3^{(0)} \end{bmatrix} = - \begin{bmatrix} f_1 \\ f_2 \\ f_3 \end{bmatrix} \tag{2.2.23}$$

mit:

$$\overset{*}{a}_{33} = a_{33} - a_{13}\,\frac{a_{31}}{a_{11}} - a_{23}\,\frac{a_{32}}{a_{22}} \tag{2.2.24}$$

Daraus ergibt sich der erste Lösungsvektor zu:

$$\Delta U_3^{(0)} = - \frac{f_3}{\overset{*}{a}_{33}} \tag{2.2.25}$$

$$\Delta U_2^{(0)} = - \frac{f_2 + a_{23}\,\Delta U_3}{a_{22}} \tag{2.2.26}$$

$$\Delta U_1^{(0)} = - \frac{f_3 + a_{13}\,\Delta U_3}{a_{11}} \tag{2.2.27}$$

Die verbesserten Werte der Knotenpunktspannungen $U_1^{(1)}$, $U_2^{(1)}$, $U_3^{(1)}$ werden aus den Schätzwerten $U_k^{(0)}$ und dem Lösungsvektor $\Delta U_k^{(0)}$ gebildet

$$U_k^{(1)} = U_k^{(0)} + \Delta U_k^{(0)}$$

mit k = 1, 2, 3.

In einer Programmschleife werden aus den verbesserten Knotenpunktspannungen die neuen Werte der Jacobi-Matrix entsprechend den Gln. (2.2.13 bis 2.2.21) gebildet und die Rechnung solange iterativ fortgesetzt, bis die Elemente des Lösungsvektors eine gesetzte Schranke ϵ unterschreiten:

$$\sum_{k=1}^{3} |\Delta U_k^{(\nu)}| < \epsilon \qquad (2.2.28)$$

2.2.2 Programmbeschreibung „Maschennetz"

Das Programm beginnt mit der Startadresse Label A in Zeile 001. Vor dem Programmstart müssen folgende Werte bereitgestellt werden:

Admittanz der Verbindungsleitung 0–1:	Y_{01} in S	⇒ STO 1
Admittanz der Verbindungsleitung 0–2:	Y_{02} in S	⇒ STO 2
Admittanz der Verbindungsleitung 0–3:	Y_{03} in S	⇒ STO 3
Admittanz der Verbindungsleitung 1–3:	Y_{13} in S	⇒ STO 4
Admittanz der Verbindungsleitung 2–3:	Y_{23} in S	⇒ STO 5
Spannung am Knoten 0:	U_0 in V	⇒ STO A
Leistungsentnahme je Strang am Knoten 1:	P_1 in W	⇒ STO B
Leistungsentnahme je Strang am Knoten 2:	P_2 in W	⇒ STO C
Leistungsentnahme je Strang am Knoten 3:	P_3 in W	⇒ STO D

Nach dem Programmstart werden mit den Anweisungen der Zeilen 002 bis 013 die Diagonalwerte der Admittanzmatrix entsprechend den Gln. (2.2.4 bis 2.2.6) gebildet. In Zeile 015 wird der Startwert für die drei Knotenpunktspannungen U_1, U_2 und U_3 in einer kurzen Pause angezeigt. Der angezeigte Wert kann durch die Eingabe eines anderen Wertes ersetzt werden. Die Iterationsschleife umfaßt die Anweisungszeilen 020 bis 212. In Zeile 207 wird die Betragssumme der drei Abweichungswerte der Knotenpunktspannungen gemäß Gln. (2.2.25 bis 2.2.27) in einer kurzen Pause angezeigt. Anschließend wird die Genauigkeitsabfrage durchgeführt und entsprechend dem Ergebnis in der Schleife fortgefahren oder die Schleife verlassen. Der Ergebnisvektor U_0, U_1, U_2, U_3 wird in Zeile 218 durch eine Stackregister-Druckanweisung ausgegeben. Nach Abschluß der Programmbearbeitung stehen die Knotenpunktspannungen U_1, U_2, U_3 zusätzlich in den Speichern STO 7, STO 8, STO 9 zur Verfügung.

2.2.3 Test- und Anwendungsbeispiele

In einem vermascht betriebenen Niederspannungs-Industrienetz sei ein Lastpunkt (3) über drei Einspeiseleitungen mit Zwischenabnahmen in den Lastpunkten (1) und (2) versorgt (s. Bild 2.2.2). Es sind die Spannungen in den drei Lastpunkten sowie die einzelnen Teilströme zu berechnen.

Tabelle 2.2.1 Anweisungsliste „Lastfluß nach Newton-Raphson"

Schritt	Anweisung	
001	*LBLA	
002	RCL4	
003	STO7	
004	STO9	
005	RCL5	
006	STO8	
007	ST+9	
008	RCL1	
009	ST+7	
010	RCL2	
011	ST+8	
012	RCL3	
013	ST+9	
014	RCLA	
015	PSE	
016	P⇄S	
017	STO1	
018	STO2	
019	STO3	
020	*LBLB	
021	P⇄S	
022	1	
023	1	
024	STOI	
025	RCL i	
026	RCL i	
027	ISZI	
028	ISZI	
029	RCL i	
030	RCL4	
031	×	
032	X⇄Y	
033	RCL7	
034	×	
035	−	
036	RCLA	
037	RCL1	
038	×	
039	+	
040	×	
041	RCLB	
042	−	
043	STOE	
044	RCL i	
045	RCL5	
046	×	
047	RCLA	
048	RCL2	
049	×	
050	+	
051	DSZI	
052	RCL i	
053	RCL8	
054	×	
055	−	
056	RCL i	
057	×	
058	RCLC	
059	−	
060	STO6	
061	RCL i	
062	RCL5	
063	×	
064	ISZI	
065	RCL i	
066	RCL9	
067	×	
068	−	
069	RCLA	
070	RCL3	
071	×	
072	+	
073	RCL i	
074	×	
075	RCL i	
076	DSZI	
077	DSZI	
078	RCL i	
079	×	
080	RCL4	
081	×	
082	+	
083	RCLD	
084	−	
085	P⇄S	
086	STO0	
087	P⇄S	
088	RCL i	
089	RCL7	
090	×	
091	2	
092	×	
093	CHS	
094	ISZI	
095	ISZI	
096	RCL i	
097	RCL4	
098	×	
099	+	
100	RCLA	
101	RCL1	
102	×	
103	+	
104	P⇄S	
105	STO6	
106	RCL2	
107	P⇄S	
108	RCL8	
109	×	
110	2	
111	×	
112	CHS	
113	RCL i	
114	RCL5	
115	×	
116	+	
117	RCLA	
118	RCL2	
119	×	
120	+	
121	P⇄S	
122	STO7	
123	P⇄S	
124	RCL4	
125	X^2	
126	R↑	
127	÷	
128	X⇄Y	
129	RCL5	
130	X^2	
131	X⇄Y	
132	÷	
133	RCL i	
134	X⇄Y	
135	RCL i	
136	×	
137	DSZI	
138	RCL i	
139	×	
140	R↓	
141	×	
142	DSZI	
143	RCL i	
144	×	
145	R↑	
146	+	
147	RCL i	
148	RCL4	
149	×	
150	ISZI	
151	RCL i	
152	RCL5	
153	×	
154	+	
155	RCLA	
156	RCL3	
157	×	
158	+	
159	ISZI	
160	RCL i	
161	RCL9	
162	×	
163	2	
164	×	
165	−	
166	−	
167	P⇄S	
168	RCL0	
169	X⇄Y	
170	÷	
171	STO8	
172	RCL2	
173	×	
174	P⇄S	
175	RCL5	
176	×	
177	RCL6	
178	+	
179	CHS	
180	P⇄S	
181	RCL7	
182	÷	
183	STO7	
184	RCL8	
185	RCL1	
186	×	
187	P⇄S	
188	RCL4	
189	×	
190	RCLE	
191	+	
192	CHS	
193	P⇄S	
194	RCL6	
195	÷	
196	STO6	
197	ST+1	
198	ABS	
199	RCL7	
200	ST+2	
201	ABS	
202	RCL8	
203	ST+3	
204	ABS	
205	+	
206	+	
207	PSE	
208	EEX	
209	2	
210	CHS	
211	X≤Y?	
212	GTOB	
213	RCLA	
214	RCL1	
215	RCL2	
216	RCL3	
217	P⇄S	
218	PRST	⇒ U_0, U_1, U_2, U_3
219	STO9	
220	R↓	
221	STO8	
222	R↓	
223	STO7	
224	R/S	

Anmerkung: NAYY-Kabel mit rd. 0,22 $\frac{\Omega}{km}$ entsprechend rd. 4,5 S · km

Eingaben:				
	Y_{01} = 22 S	⇒	22	STO 1
	Y_{02} = 20 S	⇒	20	STO 2
	Y_{03} = 15 S	⇒	15	STO 3
	Y_{13} = 22 S	⇒	22	STO 4
	Y_{23} = 45 S	⇒	45	STO 5
	U_0 = 230 V	⇒	230	STO A
	P_1 = 100/3 kW	⇒	$10^5/3$	STO B
	P_2 = 100/3 kW	⇒	$10^5/3$	STO C
	P_3 = 200/3 kW	⇒	$2 \cdot 10^5/3$	STO D

Start [A]:

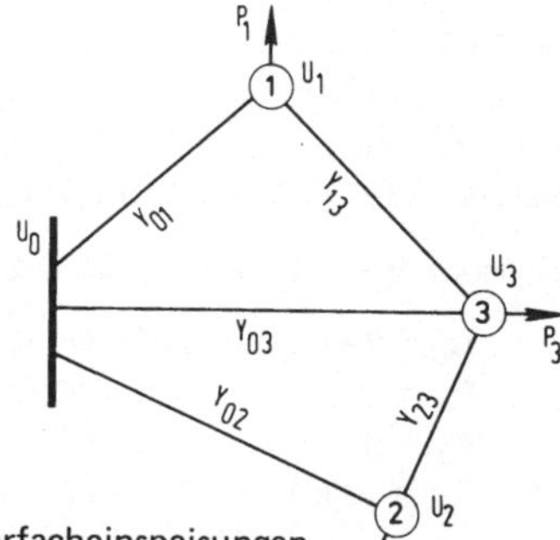

Bild 2.2.2 Lastpunkte mit Mehrfacheinspeisungen

Ergebnisse: In einer ersten kurzen Pause wird der Startwert für die Iteration programmgemäß gleich U_0 angezeigt. Dieser Wert kann zur Verkürzung der Rechenzeit durch einen besseren Startwert ersetzt werden.

In weiteren kurzen Pausen werden folgende Iterationswerte gemäß Gl. (2.2.28) nach jeweils 15 Sekunden Rechenzeit angezeigt:

2. kurze Pause: 21,47 V
3. kurze Pause: 10,53 V
4. kurze Pause: 0,56 V
5. kurze Pause: 0,01 V

Anschließend werden die Knotenpunktspannungen ausgegeben:

U_0 = 230,00 V
U_1 = 220,45 V
U_2 = 219,20 V
U_3 = 217,78 V

Die gesamte Rechenzeit beträgt rd. 70 Sekunden

Um die Frage nach den einzelnen Teilströmen beantworten zu können, kann die folgende Anweisungsfolge entweder über die Tastatur im RUN-Modus eingegeben oder auch als Programm eingelesen werden:

LBL A	(Startadresse)
RCL A	(Spannung U_0)
RCL 7	(Spannung U_1)
−	
RCL 1	(Leitwert Y_{01})
X	
PRTX	⟹ I_1 = 210,04 A
RCL A	
RCL 8	(Spannung U_2)
−	
RCL 2	(Leitwert Y_{02})
X	
PRTX	⟹ I_2 = 216,02 A
RCL A	
RCL 9	(Spannung U_3)
−	
RCL 3	(Leitwert Y_{03})
X	
PRTX	⟹ I_3 = 183,33 A
RCL 7	
RCL 9	
−	
RCL 4	(Leitwert Y_{13})
X	
PRTX	⟹ I_{13} = 58,84 A
RCL 8	
RCL 9	
−	
RCL 5	(Leitwert Y_{23})
X	
PRTX	⟹ I_{23} = 63,45 A
R/S	

Dem Lastflußprogramm liegt gemäß den Gln. (2.2.1 bis 2.2.27) eine einpolige Berechnung zugrunde. Daher sind bei der Anwendung auf Drehstromprobleme die Drehstromleistungen mit 1/3 und die Spannungen als Strangspannungen einzusetzen. Die errechneten Ströme sind gleich den Leiterströmen.

Es ist zu beachten, daß bei Lastflußrechnungen mit vorgegebener Leistung nicht beliebige Eingabewerte zu reellen Lösungen führen. Insbesondere kann das Ergebnis in Abhängigkeit vom Startwert mehrdeutig sein. Dieser Sachverhalt sei an folgendem Beispiel erläutert:

Eingabewerte: 1 STO 1, STO 2, STO 3, STO 4, STO 5

$U_0 = 220$ V $\Rightarrow$ 220 STO A
$P_1 = 0$ 0 STO B
$P_2 = 0$ 0 STO C
$P_3 = 10$ kW $\Rightarrow$ 10^4 STO D

Start [A]:

Ergebnisse: $U_0 = 220{,}00$ V $U_2 = 207{,}13$ V
$U_1 = 207{,}13$ V $U_3 = 194{,}26$ V

Ein zweiter Lösungsvektor läßt sich finden, wenn man für die drei Spannungen U_1, U_2 und U_3 verschiedene Startwerte z.B. $U_1 = U_2 = 150$ V und $U_3 = 0$ V vorgibt. Hierzu ist das Programm während der ersten Pausenanzeige zu stoppen (R/S-Taste). Nach Betätigung der Speicherbereichswechselanweisung (P $\rightleftarrows$ S-Taste) sind die Startwerte 150 STO 1, STO 2 und 0 STO 3 einzugeben und das Programm über Label B erneut zu starten.

Hiernach wird folgender Ergebnisvektor ausgegeben:

$U_0 = 220{,}00$ V $U_2 = 122{,}87$ V
$U_1 = 122{,}87$ V $U_3 = 25{,}74$ V

In Bild 2.2.3 sind die Spannungskennlinien für diesen Fall dargestellt. Reelle Lösungspunkte für die Knotenpunktspannungen sind nur unterhalb der Kippleistung P_k möglich. Mit dem gemeinsamen Startwert U_0 werden die oberen Kurvenzüge erreicht. Diese Bereiche sind für Lastflußberechnungen als stabile Netzbetriebspunkte von Interesse.

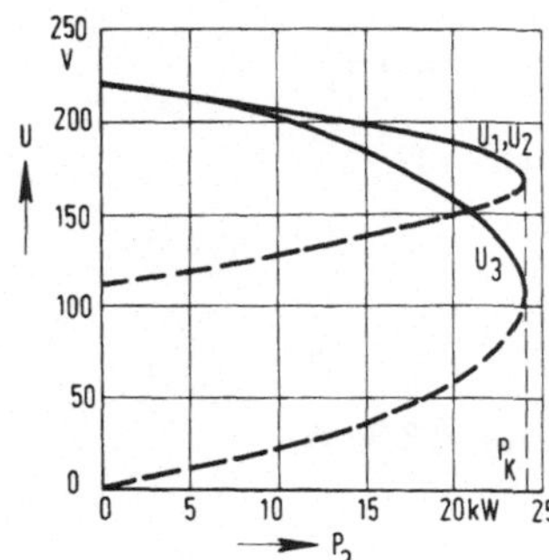

Bild 2.2.3
Spannungskennlinien als iterative Lösungspunkte

2.3 Symmetrische Komponenten

2.3.1 Berechnung der symmetrischen Komponenten eines unsymmetrischen Drehstromsystems

Jedes beliebige unsymmetrische Dreiphasensystem kann in drei symmetrische Komponenten nach folgenden Beziehungen zerlegt werden [4]:

$$\underline{U}_R = \underline{U}_0 + \underline{U}_m + \underline{U}_g \tag{2.3.1}$$

1. Komponente des Nullsystems:

$$\underline{U}_0 = \frac{1}{3}\,(\underline{U}_R + \underline{U}_S + \underline{U}_T) \tag{2.3.2}$$

2. Komponente des Mitsystems:

$$\underline{U}_m = \frac{1}{3}\,(\underline{U}_R + \underline{a}\,\underline{U}_S + \underline{a}^2\,\underline{U}_T) \tag{2.3.3}$$

3. Komponente des Gegensystems:

$$\underline{U}_g = \frac{1}{3}\,(\underline{U}_R + \underline{a}^2\,\underline{U}_S + \underline{a}\,\underline{U}_T) \tag{2.3.4}$$

mit:

$$\underline{a} = e^{j\frac{2\pi}{3}} = -\frac{1}{2} + j\,\frac{1}{2}\sqrt{3} \tag{2.3.5}$$

Bei unsymmetrischen Systemen 1. Ordnung verschwindet die Nullkomponente, d.h. die drei Zeiger des gegebenen Systems bilden ein geschlossenes Dreieck. Für diesen Fall werden zur Berechnung der Komponenten des Mit- und Gegensystems nur die Beträge der drei Spannungen benötigt.

Die Winkel der Zeiger U_S und U_T gegenüber dem Bezugszeiger U_R ergeben sich aus dem Cosinussatz:

$$\cos\beta = \frac{U_R^2 + U_T^2 - U_S^2}{2\,U_R\,U_T} \tag{2.3.6}$$

$$\cos\gamma = \frac{U_R^2 + U_S^2 - U_T^2}{2\,U_R\,U_S} \tag{2.3.7}$$

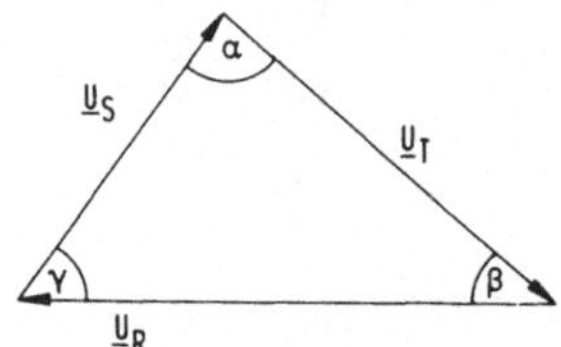

Bild 2.3.1 Spannungsdreieck für unsymmetrische Systeme 1. Ordnung

2.3.2 Programmbeschreibung „Symmetrische Komponenten"

In dem Programm gemäß Tabelle 2.3.1 sind zwei Startadressen Label A in Zeile 001 und Label B in Zeile 062 vorgesehen. Bei Aufruf der Startadresse Label A werden die symmetrischen Komponenten eines unsymmetrischen Dreiphasen-Systems 2. Ordnung berechnet. Hierzu müssen die drei unsymmetrischen Komponenten mit Betrag und Phase in folgende Speicher eingegeben werden:

U_1 in STO 1		φ_1 in STO 4	
U_2 in STO 2		φ_2 in STO 5	
U_3 in STO 3		φ_3 in STO 6	

Als Ergebnis der Rechnung gemäß den Gln. (2.3.2 bis 2.3.4) werden die Beträge und Phasenwinkel der Null-, Mit- und Gegenkomponente in kurzen Pausen angezeigt. Sie stehen nach dem Programmstop in den Speichern STO A, STO B, STO C mit den Beträgen U_0, U_m, U_g und in den Speichern STO D, STO E, STO I mit den Phasenwinkeln φ_0, φ_m, φ_g zur Verfügung.

Bei Aufruf der Startadresse Label B werden die symmetrischen Komponenten eines unsymmetrischen Systems 1. Ordnung berechnet. Hierzu werden nur die Beträge der unsymmetrischen Komponenten aus den Speichern STO 1 bis STO 3 benötigt.

Tabelle 2.3.1 Anweisungsliste „Symmetrische Komponenten"

$\underline{U}_1, \underline{U}_2, \underline{U}_3$	001	*LBLA		039	STOE		077	GSB1
	002	RCL6		040	PSE ⇒ φ_m		078	STO6
	003	RCL3		041	RCL6		079	RCL0
	004	RCL5		042	1		080	RCL1
	005	RCL2		043	2		081	÷
	006	GSB0		044	0		082	RCL2
	007	RCL4		045	+		083	GSB1
	008	RCL1		046	RCL3		084	CHS
	009	GSB0		047	RCL5		085	STO5
	010	3		048	RCL0		086	0
	011	÷		049	+		087	STO4
	012	STOA		050	RCL2		088	GTOA
	013	PSE ⇒ U_0		051	GSB0	UP	089	*LBL1
	014	X⇄Y		052	RCL4		090	÷
	015	STOD		053	RCL1		091	2
	016	PSE ⇒ φ_0		054	GSB0		092	÷
	017	RCL6		055	3		093	COS⁻¹
	018	2		056	÷		094	CHS
	019	4		057	STOC		095	1
	020	0		058	PSE ⇒ U_g		096	8
	021	STO0		059	X⇄Y		097	0
	022	+		060	STOI		098	+
	023	RCL3		061	R/S ⇒ φ_g		099	RTN
	024	RCL5	U_1, U_2, U_3	062	*LBLB	UP	100	*LBL0
	025	1		063	RCL1		101	→R
	026	2		064	X²		102	R↓
	027	0		065	STO0		103	R↓
	028	+		066	RCL3		104	→R
	029	RCL2		067	X²		105	X⇄Y
	030	GSB0		068	ST−0		106	R↓
	031	RCL4		069	+		107	+
	032	RCL1		070	RCL2		108	R↓
	033	GSB0		071	X²		109	+
	034	3		072	ST+0		110	R↑
	035	÷		073	−		111	→P
	036	STOB		074	RCL1		112	RTN
	037	PSE ⇒ U_m		075	÷		113	PSE
	038	X⇄Y		076	RCL3		114	R/S

2.3.3 Test- und Anwendungsbeispiel

a) Zu einem unsymmetrischen Dreiphasensystem mit den Spannungen $\underline{U}_1 = 200\ \text{V}\ e^{j0}$, $\underline{U}_2 = 150\ \text{V}\ e^{-j90°}$, $\underline{U}_3 = 250\ \text{V}\ e^{j150°}$ sind die symmetrischen Komponenten zu bestimmen.

Eingabe: 200 STO 1, 0 STO 4
150 STO 2, −90 STO 5
250 STO 3, 150 STO 6

Start [A]:

Ergebnisse: $\underline{U}_0 = 9{,}99 \text{ V } e^{-j\,123{,}43^\circ}$
$\underline{U}_m = 193{,}95 \text{ V } e^{j\,20{,}10^\circ}$
$\underline{U}_g = 62{,}84 \text{ V } e^{-j\,68{,}17^\circ}$

Rechenzeit rd. 30 Sekunden

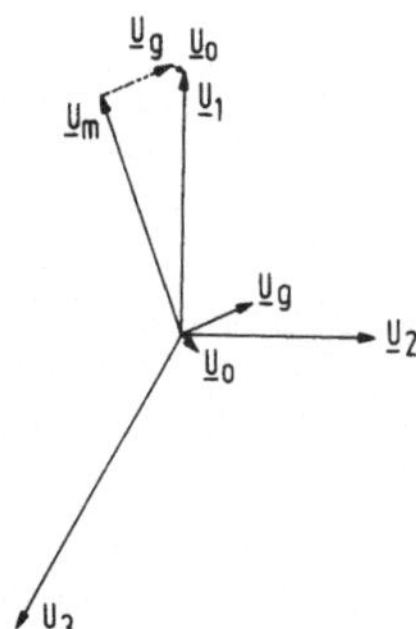

Bild 2.3.2 Zeigerdiagramm eines unsymmetrischen Dreiphasensystems

b) Zu einem unsymmetrischen Drehstromsystem 1. Ordnung, bei dem die geometrische Summe der drei Spannungen $U_1 = 200$ V, $U_2 = 150$ V und $U_3 = 250$ V gleich Null wird, sind die symmetrischen Komponenten zu bestimmen:

Eingabe: 200 STO 1
150 STO 2
250 STO 3

Start [B]:

Ergebnisse: $U_m = 195{,}33 \text{ V } e^{j\,17{,}19^\circ}$
$U_g = 59{,}27 \text{ V } e^{-j\,76{,}94^\circ}$

Rechenzeit rd. 30 Sekunden

Der in STO A für U_0 ausgegebene Wert von $1{,}2 \cdot 10^{-7}$ ist durch interne Rechenungenauigkeit bedingt. Per Definition muß die Nullkomponente bei unsymmetrischen Systemen 1. Ordnung gleich Null sein.

c) Die Spannungen $U_1 = U_2 = U_3 = 220$ V bilden ein gleichseitiges Dreieck.

Eingabe: 220 STO 1
STO 2
STO 3

Start [B]:

Ergebnisse: $U_m = 220 \text{ V } e^{j0^\circ}$
$U_g = 0$

d.h. es ist ein rechtsdrehendes Drehstromsystem vorhanden mit U = 220 V.

2.4 Sternpunktverlagerung

2.4.1 Berechnung der Ströme und Spannungen einer unsymmetrischen Drehstromlast

An einem symmetrischen Drehstromsystem mit den Spannungen $\underline{U}_1$, $\underline{U}_2$ und $\underline{U}_3$ sei eine unsymmetrische komplexe Last $\underline{Z}_1$, $\underline{Z}_2$, $\underline{Z}_3$ in ⅄-Schaltung angeschlossen (Bild 2.4.1).

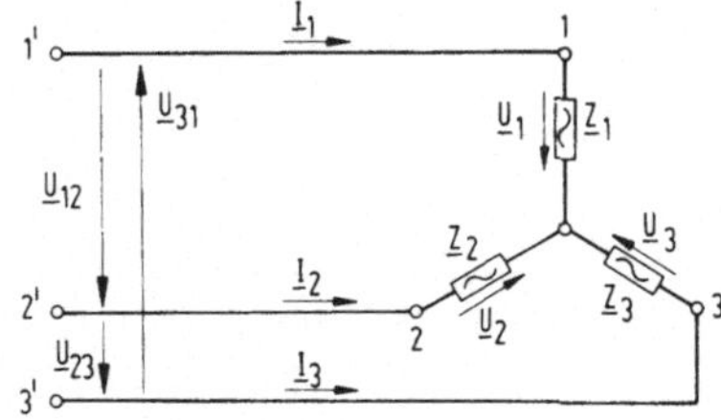

Bild 2.4.1 Sternschaltung mit Dreileiternetz

Es sollen die unsymmetrischen Strangspannungen $\underline{U}_1$, $\underline{U}_2$, $\underline{U}_3$ und die unsymmetrischen Ströme $\underline{I}_1$, $\underline{I}_2$, $\underline{I}_3$ berechnet werden. Zur programmierten Lösung dieser Aufgabe müssen im Programm folgende Unteraufgaben nacheinander bearbeitet werden:

1. Stern-Dreieck-Umwandlung der Last
2. Berechnung der Strangströme der äquivalenten Dreieck-Schaltung
3. Berechnung der Strangströme der gegebenen Stern-Schaltung
4. Berechnung der Strangspannungen der gegebenen Stern-Schaltung.

Die Stern-Dreieck-Umwandlung wird mit Hilfe des in Band 2, Abschnitt 2.4 dieser Reihe, beschriebenen Programms durchgeführt. Mit den errechneten Dreiecksimpedanzen können die drei unsymmetrischen Strangströme der äquivalenten Dreieckschaltung bestimmt werden:

$$\underline{I}_{12} = \frac{\underline{U}_{12}}{\underline{Z}_{12}} \tag{2.4.1}$$

$$\underline{I}_{23} = \frac{\underline{U}_{23}}{\underline{Z}_{23}} \tag{2.4.2}$$

$$\underline{I}_{31} = \frac{\underline{U}_{31}}{\underline{Z}_{31}} \tag{2.4.3}$$

Da die Strangströme der gegebenen Stern-Schaltung identisch mit den Leiterströmen der fiktiven Dreieckschaltung sind, lassen sich die gesuchten Strangströme aus den Knotenpunktgleichungen für die Knotenpunkte 1, 2 und 3 berechnen:

$$\underline{I}_1 = \underline{I}_{12} - \underline{I}_{31} \tag{2.4.4}$$

$$\underline{I}_2 = \underline{I}_{23} - \underline{I}_{12} \tag{2.4.5}$$

$$\underline{I}_3 = \underline{I}_{31} - \underline{I}_{23} \tag{2.4.6}$$

Die Strangspannungen ergeben sich nach dem ohmschen Gesetz aus den Leiterströmen und den Sternimpedanzen:

$$\underline{U}_1 = \underline{I}_1 \cdot \underline{Z}_1 \tag{2.4.7}$$

$$\underline{U}_2 = \underline{I}_2 \cdot \underline{Z}_2 \tag{2.4.8}$$

$$\underline{U}_3 = \underline{I}_3 \cdot \underline{Z}_3 \tag{2.4.9}$$

Für die Spannung zwischen dem Sternpunkt der gegebenen Schaltung und dem symmetrischen Sternpunkt des Drehstromnetzes gilt:

$$\underline{U}_{Mp} = \frac{1}{3}\,(\underline{U}_1 + \underline{U}_2 + \underline{U}_3) \tag{2.4.10}$$

2.4.2 Programmbeschreibung „Sternpunktverlagerung 1"

Als Bezugsachse für alle Spannungen und Ströme (reelle Achse der komplexen Ebene) wird der Spannungsanzeiger $\underline{U}_{12}$ gewählt.

$$\underline{U}_{12} = U\,e^{j0^\circ} \tag{2.4.11}$$

Damit folgt für die beiden anderen Spannungen des rechtsdrehenden symmetrischen Drehstromsystems:

$$U_{23} = U\,e^{-j\,120^\circ} = -\,U\,e^{j\,60^\circ} \tag{2.4.12}$$

$$U_{31} = U\,e^{j\,120^\circ} \tag{2.4.13}$$

Die Strom- und Spannungsberechnungen gemäß den Gln. (2.4.1 bis 2.4.13) werden in dem Programmteil ab der Startadresse Label C in Programmzeile 145 durchgeführt. Der Spannungsbetrag der verketteten Spannung U wird mit RCL A aus dem Speicher A in das X-Register übertragen und steht dort, in Verbindung mit dem Phasenwinkel 0 im Y-Register, als Polarkoordinate zur Verfügung.

In den Programmzeilen 148 und 149 wird die Dreiecksimpedanz $\underline{Z}_{12}$ gerufen und durch die Anweisung → P in Zeile 150 ebenfalls in Polarkoordinaten umgewandelt. Damit stehen beide Werte für die Quotientenbildung komplexer Größen mit Hilfe des Unterprogramms Label d im Stackregister bereit.

Nach Ausführung der Quotientenbildung gemäß Gl. (2.4.1) wird der Strangstrom $\underline{I}_{12}$ in Polarkoordinaten im X- und Y-Register für die weitere Bearbeitung an das Hauptprogramm übergeben. Nach Umwandlung in kartesische Koordinaten durch die Anweisung → R in Programmzeile 152 wird der Realteil in STO 7 und der Imaginärteil in STO 8 abgespeichert. Mit den Anweisungen von Programmzeile 156 bis 164 wird die entsprechende Operation nach Gl. (2.4.3) für den Strom $\underline{I}_{31}$ durchgeführt. Mit Hilfe der Registerarithmetik und den Anweisungen 166 und 169 wird die Gl. (2.4.4) ausgeführt, so daß ab der Programmzeile 169 der Leiterstrom $\underline{I}_1$ in kartesischen Koordinaten in den Speichern STO 7 und STO 8 zur Verfügung steht. Mit den Anweisungen 170 bis 177 wird aus der negativ angesetzten Spannung $\underline{U}_{23}$ nach Gl. (2.4.2) der Strom $\underline{I}_{23}$ als negativer Wert gebildet und nach Gl. (2.4.6) der Leiterstrom $\underline{I}_3$ berechnet. Die kartesischen Koordinaten des Stromes $\underline{I}_3$ werden als Realteil in STO D und als Imaginärteil in STO E abgespeichert. Aus der Bedingung, daß die Summe der drei Leiterströme gleich Null sein muß, wird schließlich in den Programmzeilen 185 bis 191 der negative Wert des Stromes $\underline{I}_2$ gebildet und als Realteil in STO B und als Imaginärteil in STO C abgespeichert.

Durch die Anweisung 195 wird der Betrag des Leiterstromes $\underline{I}_1$ in einer langen Pause angezeigt bzw. ausgedruckt. Nach Austausch der Primär-/Sekundärspeicher wird die Impedanz $\underline{Z}_1$ in das X- und Y-Register geladen und anschließend mit GSB e in Programmzeile 199 das Unterprogramm Label e aufgerufen.

In diesem Unterprogramm wird nach Koordinatenumwandlung der im X- und Y-Register übergebenen Impedanzwerte das Unterprogramm Label c zur Berechnung des Produktes komplexer Größen aufgerufen. Durch den ersten Aufruf wird die Strangspannung $\underline{U}_1$ gemäß Gl. (2.4.7) gebildet und mit Betrag und Phasenwinkel angezeigt bzw. ausgedruckt.

Mit Hilfe der Space-Anweisungen in den Programmzeilen 219 und 223 wird ein abgesetztes Druckbild bei dem Rechnertyp HP 97 erzeugt. Insgesamt werden folgende Ergebnisse ausgegeben:

Strom	I_1	Phase 1
Spannung	U_1	
Winkel	φ_{u1}	
Strom	I_2	Phase 2
Spannung	U_2	
Winkel	φ_{u2}	
Strom	I_3	Phase 3
Spannung	U_3	
Winkel	φ_{u3}	

Der Winkel φ_u ist jeweils auf Spannung $\underline{U}_{12} = U_{12}\, e^{j0}$, d.h. auf die reelle Achse bezogen.

2.4.3 Programmbeschreibung „Sternpunktverlagerung 2"

In einer zweiten Programmvarianten gemäß Tabelle 2.4.2 wird im Anschluß an die Stern-Dreieck-Umwandlung unmittelbar der Spannungsstern des unsymmetrischen Systems in Volt und bezogen auf die verkettete Spannung als normierter Wert berechnet. Dieses Programm wird über Label A gestartet. Es benötigt die gleichen Eingabegrößen wie das Programm „Sternpunktverlagerung 1". Die Ergebnisse werden in den Zeilen 203 bis 216 ausgegeben.

2.4.4 Programmbeschreibung „Sternpunktverlagerung 3"

In einer dritten Programmversion gemäß Tabelle 2.4.3 ist zusätzlich die Möglichkeit gegeben, bei Start über Label B im Strang 1 der Sternschaltung die Werte einer Parallelschaltung X_p und R_p als Eingabeparameter zu verwenden. Dabei muß vor Start B X_p im Y-Register und R_p im X-Register vorliegen. In dem Programmteil Label B von Zeile 207 bis Zeile 224 wird die Parallelschaltung in eine äquivalente Reihenschaltung umgewandelt und R_R nach STO 1 sowie X_R nach STO 2 abgespeichert. Danach wird das Sternpunkt-Verlagerungs-Programm bei Label A in Zeile 001 gestartet. Als Ergebnis werden die normierten Spannungen u_1, u_2 und u_3 ausgegeben.

2.4.5 Test- und Anwendungsbeispiele

1. Bei einem Netzfehler in einem 110 kV-Netz sei folgender Ersatzschaltplan wirksam (Bild 2.4.2):

   $j X_L = \ \ j\, 60\ k\Omega$
   $j X_C = -j\, 30\ k\Omega$

Bild 2.4.2 Ersatzschaltplan zur Berechnung des Sternpunktpotentials in einem unsymmetrisch belasteten symmetrischen Drehstromsystem.

Tabelle 2.4.1 Anweisungsliste „Sternpunktverlagerung 1"

```
λ→Δ    *LBLA
       GSB2
       →R
       STO7
       X⇄Y
       STO8
       GSB3
       →R
       ST+7
       X⇄Y
       ST+8
       GSB1
       →R
       ST+7
       X⇄Y
       ST+8
       6
       STOI
       GSB4
       →R
       P⇄S
       STO1
       X⇄Y
       STO2
       P⇄S
       DSZI
       GSB4
       →R
       P⇄S
       STO5
       X⇄Y
       STO6
       P⇄S
       DSZI
       GSB4
       →R
       P⇄S
       STO3
       X⇄Y
       STO4
       R/S
Δ→λ    *LBLB
       RCL2
       RCL1
       RCL4
       RCL3
       GSBa
       RCL6
       RCL5
       GSBa
       →P
       STO7
       X⇄Y
       STO8
       GSB1
       GSB5
       P⇄S
       STO1
       X⇄Y
       STO2
       P⇄S
       GSB2
       GSB5
       P⇄S
       STO3
       X⇄Y
       STO4
       P⇄S
       GSB3
       GSB5
       P⇄S
       STO5
       X⇄Y
       STO6
       R/S
UP     *LBL1
       RCL6
       RCL5
       →P
       RCL2
       RCL1
       →P
       GSBc
       RTN
UP     *LBL2
       RCL2
       RCL1
       →P
       RCL4
       RCL3
       →P
       GSBc
       RTN
UP     *LBL3
       RCL4
       RCL3
       →P
       RCL6
       RCL5
       →P
       GSBc
       RTN
UP     *LBL4
       RCL8
       RCL7
       →P
       RCLi
       DSZI
       RCLi
       →P
       GSBd
       RTN
UP     *LBL5
       RCL8
       RCL7
       GSBd
       →R
       RTN
𝔄+𝔅    *LBLa
       SF2
𝔄×𝔅    *LBLc
       X⇄Y
       R↓
       +
       F2?
       GTO0
       LSTX
       -
       LSTX
       x
       *LBL0
       R↓
       +
       R↑
       RTN
𝔄÷𝔅    *LBLd
       X⇄Y
       R↓
       ÷
       R↓
       X⇄Y
       -
       R↑
       RTN
I,U,φu *LBLC
       0
       RCLA
       RCL2
       RCL1
       →P
       GSBd
       →R
       STO7
       X⇄Y
       STO8
       1
       2
       0
       RCLA
       RCL6
       RCL5
       →P
       GSBd
       →R
       STOD
       ST-7
       X⇄Y
       STOE
       ST-8
       6
       0
       RCLA
       RCL4
       RCL3
       →P
       GSBd
       →R
       RCLD
       +
       STOD
       X⇄Y
       RCLE
       +
       STOE
       RCL8
       +
       STOC
       RCLD
       RCL7
       +
       STOB
       RCL8
       RCL7
       →P
       PRTX   ⇒ I1
       P⇄S
       RCL2
       RCL1
       GSBe
       RCLC
       RCLB
       →P
       CHS
       PRTX   ⇒ I2
       RCL4
       RCL3
       GSBe
       RCLE
       RCLD
       →P
       PRTX   ⇒ I3
       RCL6
       RCL5
       GSBe
       R/S
UP     *LBLe
       →P
       GSBc
       SPC
       PRTX   ⇒ Uv
       X⇄Y
       PRTX   ⇒ φv
       SPC
       RTN
```

Tabelle 2.4.2 Anweisungsliste „Sternpunktverlagerung 2“

Start	001	*LBLA	
	002	GSB2	
	003	→R	
	004	STO7	
	005	X⇄Y	
	006	STO8	
	007	GSB3	
	008	→R	
	009	ST+7	
	010	X⇄Y	
	011	ST+8	
	012	GSB1	
	013	→R	
	014	ST+7	
	015	X⇄Y	
	016	ST+8	
	017	6	
	018	STOI	
	019	GSB4	
	020	→R	
	021	P⇄S	
	022	STO1	
	023	X⇄Y	
	024	STO2	
	025	P⇄S	
	026	DSZI	
	027	GSB4	
	028	→R	
	029	P⇄S	
	030	STO5	
	031	X⇄Y	
	032	STO6	
	033	P⇄S	
	034	DSZI	
	035	GSB4	
	036	→R	
	037	P⇄S	
	038	STO3	
	039	X⇄Y	
	040	STO4	
	041	GTOC	→ Ⓒ
UP	042	*LBL1	
	043	RCL6	
	044	RCL5	
	045	→P	
	046	RCL2	
	047	RCL1	
	048	→P	
	049	GSBc	
	050	RTN	
UP	051	*LBL2	
	052	RCL2	
	053	RCL1	
	054	→P	
	055	RCL4	
	056	RCL3	
	057	→P	
	058	GSBc	
	059	RTN	
UP	060	*LBL3	
	061	RCL4	
	062	RCL3	
	063	→P	
	064	RCL6	
	065	RCL5	
	066	→P	
	067	GSBc	
	068	RTN	
UP	069	*LBL4	
	070	RCL8	
	071	RCL7	
	072	→P	
	073	RCLi	
	074	DSZI	
	075	RCLi	
	076	→P	
	077	GSBd	
	078	RTN	
UP	079	*LBL5	
	080	RCL8	
	081	RCL7	
	082	GSBd	
	083	→R	
	084	RTN	
𝔄+𝔅	085	*LBLa	
	086	SF2	
𝔄×𝔅	087	*LBLc	
	088	X⇄Y	
	089	R↓	
	090	+	
	091	F2?	
	092	GTO0	
	093	LSTX	
	094	-	
	095	LSTX	
	096	×	
	097	*LBL0	
	098	R↓	
	099	+	
	100	R↑	
	101	RTN	
𝔄−𝔅	102	*LBLb	
	103	SF2	
𝔄÷𝔅	104	*LBLd	
	105	X⇄Y	
	106	R↓	
	107	-	
	108	F2?	
	109	GTO0	
	110	LSTX	
	111	+	
	112	LSTX	
	113	÷	
	114	*LBL0	
	115	R↓	
	116	X⇄Y	
	117	-	
	118	R↑	
	119	RTN	
Ⓒ →	120	*LBLC	
	121	0	
	122	PSE	⇒ 0°
	123	RCLA	
	124	RCL2	
	125	RCL1	
	126	→P	
	127	GSBd	
	128	→R	
	129	STO7	
	130	X⇄Y	
	131	STO8	
	132	1	
	133	2	
	134	0	
	135	PSE	⇒ 120°
	136	RCLA	
	137	RCL6	
	138	RCL5	
	139	→P	
	140	GSBd	
	141	→R	
	142	STOD	
	143	ST-7	
	144	X⇄Y	
	145	STOE	
	146	ST-8	
	147	2	
	148	4	
	149	0	
	150	PSE	⇒ 240°
	151	RCLA	
	152	RCL4	
	153	RCL3	
	154	→P	
	155	CHS	
	156	GSBd	
	157	→R	
	158	RCLD	
	159	+	
	160	STOD	
	161	X⇄Y	
	162	RCLE	
	163	+	
	164	STOE	
	165	RCL6	
	166	+	
	167	RCLD	
	168	RCL7	
	169	+	
	170	→P	
	171	CHS	
	172	P⇄S	
	173	RCL4	
	174	RCL3	
	175	→P	
	176	GSBc	
	177	STOB	
	178	X⇄Y	
	179	STOC	
	180	RCLE	
	181	RCLD	
	182	→P	
	183	RCL6	
	184	RCL5	
	185	→P	
	186	GSBc	
	187	STOD	
	188	X⇄Y	
	189	STOE	
	190	P⇄S	
	191	RCL8	
	192	RCL7	
	193	P⇄S	
	194	→P	
	195	RCL2	
	196	RCL1	
	197	→P	
	198	GSBc	
	199	STO7	
	200	X⇄Y	
	201	STO8	
	202	X⇄Y	
	203	PRTX	⇒ U_1
	204	RCLA	
	205	÷	
	206	PSE	⇒ u_1
	207	RCLB	
	208	PRTX	⇒ U_2
	209	RCLA	
	210	÷	
	211	PSE	⇒ u_2
	212	RCLD	
	213	PRTX	⇒ U_3
	214	RCLA	
	215	÷	
	216	PSE	⇒ u_3
	217	R/S	

Tabelle 2.4.3 Anweisungsliste „Sternpunktverlagerung 3"

Marke	Schritt	Anweisung	Hinweis
	001	*LBLA	← (von 224)
	002	GSB2	
	003	→R	
	004	STO7	
	005	X⇄Y	
	006	STO8	
	007	GSB3	
	008	→R	
	009	ST+7	
	010	X⇄Y	
	011	ST+8	
	012	GSB1	
	013	→R	
	014	ST+7	
	015	X⇄Y	
	016	ST+8	
	017	6	
	018	STOI	
	019	GSB4	
	020	→R	
	021	P⇄S	
	022	STO1	
	023	X⇄Y	
	024	STO2	
	025	P⇄S	
	026	DSZI	
	027	GSB4	
	028	→R	
	029	P⇄S	
	030	STO5	
	031	X⇄Y	
	032	STO6	
	033	P⇄S	
	034	DSZI	
	035	GSB4	
	036	→R	
	037	P⇄S	
	038	STO3	
	039	X⇄Y	
	040	STO4	
	041	GTOC	→ Ⓒ
UP	042	*LBL1	
	043	RCL6	
	044	RCL5	
	045	→P	
	046	RCL2	
	047	RCL1	
	048	→P	
	049	GSBc	
	050	RTN	
UP	051	*LBL2	
	052	RCL2	
	053	RCL1	
	054	→P	
	055	RCL4	
	056	RCL3	
	057	→P	
	058	GSBc	
	059	RTN	
UP	060	*LBL3	
	061	RCL4	
	062	RCL3	
	063	→P	
	064	RCL6	
	065	RCL5	
	066	→P	
	067	GSBc	
	068	RTN	
UP	069	*LBL4	
	070	RCL8	
	071	RCL7	
	072	→P	
	073	RCLi	
	074	DSZI	
	075	RCLi	
	076	→P	
	077	GSBd	
	078	RTN	
UP	079	*LBL5	
	080	RCL8	
	081	RCL7	
	082	GSBd	
	083	→R	
	084	RTN	
𝔄+𝔅	085	*LBLa	
	086	SF2	
𝔄×𝔅	087	*LBLc	
	088	X⇄Y	
	089	R↓	
	090	+	
	091	F2?	
	092	GTO0	→ 097
	093	LSTX	
	094	-	
	095	LSTX	
	096	×	
	097	*LBL0	
	098	R↓	
	099	+	
	100	R↑	
	101	RTN	
𝔄−𝔅	102	*LBLb	
	103	SF2	
𝔄÷𝔅	104	*LBLd	
	105	X⇄Y	
	106	R↓	
	107	-	
	108	F2?	
	109	GTO0	→ 114
	110	LSTX	
	111	+	
	112	LSTX	
	113	÷	
	114	*LBL0	
	115	R↓	
	116	X⇄Y	
	117	-	
	118	R↑	
	119	RTN	
Ⓒ →	120	*LBLC	
	121	0	
	122	RCLA	
	123	RCL2	
	124	RCL1	
	125	→P	
	126	GSBd	
	127	→R	
	128	STO7	
	129	X⇄Y	
	130	STO8	
	131	1	
	132	2	
	133	0	
	134	RCLA	
	135	RCL6	
	136	RCL5	
	137	→P	
	138	GSBd	
	139	→R	
	140	STOD	
	141	ST-7	
	142	X⇄Y	
	143	STOE	
	144	ST-8	
	145	6	
	146	0	
	147	RCLA	
	148	RCL4	
	149	RCL3	
	150	→P	
	151	GSBd	
	152	→R	
	153	RCLD	
	154	+	
	155	STOD	
	156	X⇄Y	
	157	RCLE	
	158	+	
	159	STOE	
	160	RCL8	
	161	+	
	162	RCLD	
	163	RCL7	
	164	+	
	165	→P	
	166	CHS	
	167	P⇄S	
	168	RCL4	
	169	RCL3	
	170	→P	
	171	GSBc	
	172	STOB	
	173	X⇄Y	
	174	STOC	
	175	RCLE	
	176	RCLD	
	177	→P	
	178	RCL6	
	179	RCL5	
	180	→P	
	181	GSBc	
	182	STOD	
	183	X⇄Y	
	184	STOE	
	185	P⇄S	
	186	RCL8	
	187	RCL7	
	188	P⇄S	
	189	→P	
	190	RCL2	
	191	RCL1	
	192	→P	
	193	GSBc	
	194	STO7	
	195	RCLA	
	196	÷	
	197	PRTX	⇒ u_1
	198	RCLB	
	199	RCLA	
	200	÷	
	201	PRTX	⇒ u_2
	202	RCLD	
	203	RCLA	
	204	÷	
	205	PRTX	⇒ u_3
	206	R/S	
Rp Xp	207	*LBLB	
	208	STO1	
	209	X²	
	210	STO0	
	211	STO7	
	212	X⇄Y	
	213	STO2	
	214	X²	
	215	STO8	
	216	ST+0	
	217	ST×1	
	218	RCL0	
	219	ST÷1	
	220	RCL7	
	221	ST×2	
	222	RCL0	
	223	ST÷2	
	224	GTOA	

Diese Fehler-Situation kann z.B. beim Abriß der Stromschlaufe einer Phase an einem Abzweigmast zu einem leerlaufenden Transformator gemäß Bild 2.4.3 entstehen (z.B. $X_{0\,\curlywedge} \approx 60$ kΩ bei $S_n = 30$ MVA, $i_0 = 0{,}7$ %, $X_C \approx -30$ kΩ bei $l = 10$ km):

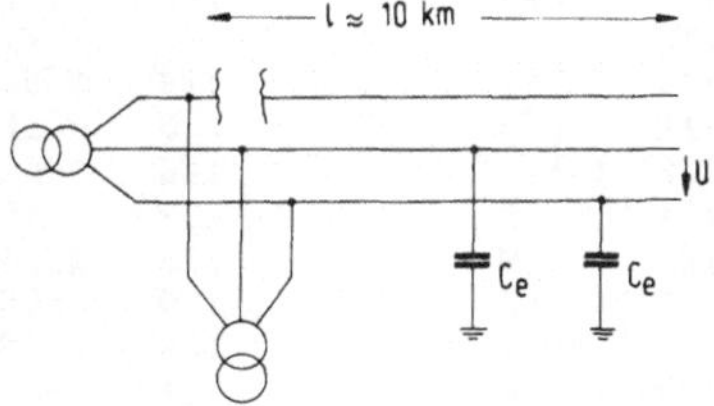

Bild 2.4.3
Schaltplan der angenommenen Fehlersituation

Gesucht ist das Potential des Sternpunktes in dem gestörten System.

Vor dem Programmstart sind folgende Eingaben zu tätigen:

110 000	STO A	Nennspannung U in Volt
0	STO 1	Impedanz $R_1 + j\,X_1$ in Ohm
60 EEX 3	STO 2	
0	STO 3	Impedanz $R_2 + j\,X_2$ in Ohm
−30 EEX 3	STO 4	
0	STO 5	Impedanz $R_3 + j\,X_3$ in Ohm
−30 EEX 3	STO 6	

Bei der Programmvariante „Sternpunktverlagerung 1" muß zunächst die ⅄-Δ Umrechnung mit Label A gestartet werden. Nachdem diese Berechnung nach etwa 15 Sekunden beendet ist, kann über Label C die Berechnung der Strangströme und der Verlagerungsspannungen veranlaßt werden.

Start [A] nach dem Programmstop Anzeige −45 000 (Inhalt von STO 4)

Start [C]

Ergebnisse:

Lange Pause bzw. Ausdruck:	$I_1 = 2{,}12$ A	Phase 1
Lange Pause bzw. Ausdruck:	$U_1 = 127\,017$ V	
Lange Pause bzw. Ausdruck:	$\varphi_1 = -30°$	
Lange Pause bzw. Ausdruck:	$I_2 = -2{,}12$ A	Phase 2
Lange Pause bzw. Ausdruck:	$U_2 = -63508{,}5$ V	
Lange Pause bzw. Ausdruck:	$\varphi_2 = 90°$	
Lange Pause bzw. Ausdruck:	$I_3 = 2{,}12$ A	Phase 3
Lange Pause bzw. Ausdruck:	$U_3 = 63508{,}5$ V	
Lange Pause bzw. Ausdruck:	$\varphi_3 = 30°$	

Rechenzeit rd. 45 Sekunden

Mit den Ergebnissen läßt sich das Zeigerdiagramm gemäß Bild 2.4.4 zeichnen.

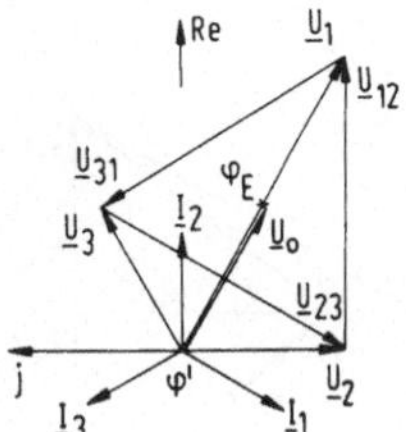

Bild 2.4.4 Zeigerdiagramm der Sternpunktverlagerung

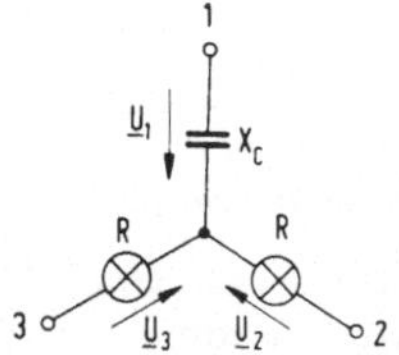

Bild 2.4.5 Schaltplan eines statischen Drehfeldanzeigers

Mit den gleichen Eingabedaten liefert die Programmvariante „Sternpunktverlagerung 2" neben den Spannungswerten auch die normierten Spannungen.

Start [A]

Ergebnisse:

Kurze Pause	0	Phasenwinkel von U_{12}
Kurze Pause	120	Phasenwinkel von U_{31}
Kurze Pause	240	Phasenwinkel von U_{23}

Lange Pause bzw. Ausdruck:	U_1 = 127 017 V	Phase 1
Kurze Pause	u_1 = 1,15	
Lange Pause bzw. Ausdruck:	U_2 = – 63 508,5 V	Phase 2
Kurze Pause	u_2 = – 0,58	
Lange Pause bzw. Ausdruck	U_3 = 63 508,5 V	Phase 3
Kurze Pause	u_3 = 0,58	

Rechenzeit rd. 40 Sekunden

2. *Statischer Drehfeldanzeiger*

Ein statischer Drehfeldanzeiger kann aus zwei ohmschen Widerständen R und einem Kondensator X_c in Sternschaltung gemäß Bild 2.4.5 aufgebaut werden [5]. Bei einem Verhältnis $X_c/R = 1{,}25$ erreicht die Spannung an einem der beiden ohmschen Widerstände (je nach Drehfeldrichtung) nur rd. 30 % der beiden übrigen etwa gleich großen Spannungen.

$U = 380$ V
$R = 20$ kΩ
$j X_c = - j\ 25$ kΩ

Eingaben:

z.B.	380	STO A	verkettete Spannung in Volt
	0	STO 1	ohmsche Komponente $\underline{Z}_1$ in Ohm
	– 25 000	STO 2	kapazitive Komponente $\underline{Z}_1$ in Ohm
	20 000	STO 3	ohmsche Komponente $\underline{Z}_2$ in Ohm
	0	STO 4	kapazitive Komponente $\underline{Z}_2$ in Ohm
	20 000	STO 5	ohmsche Komponente $\underline{Z}_3$ in Ohm
	0	STO 6	kapazitive Komponente $\underline{Z}_3$ in Ohm

Start [A] nach dem Programmstop Anzeige: 16 000

Start [C]

Ergebnisse:

Lange Pause bzw. Ausdruck: $I_1 = 0{,}012$ A
Lange Pause bzw. Ausdruck: $U_1 = 305{,}5$ V
Lange Pause bzw. Ausdruck: $\varphi_1 = -51{,}8^\circ$
} Phase 1

Lange Pause bzw. Ausdruck: $I_2 = -0{,}015$ A
Lange Pause bzw. Ausdruck: $U_2 = -306{,}8$ V
Lange Pause bzw. Ausdruck: $\varphi_2 = -51{,}49^\circ$
} Phase 2

Lange Pause bzw. Ausdruck: $I_3 = 0{,}0044$ A
Lange Pause bzw. Ausdruck: $U_3 = 89$ V
Lange Pause bzw. Ausdruck: $\varphi_3 = 90{,}68^\circ$
} Phase 3

Rechenzeit rd. 45 Sekunden

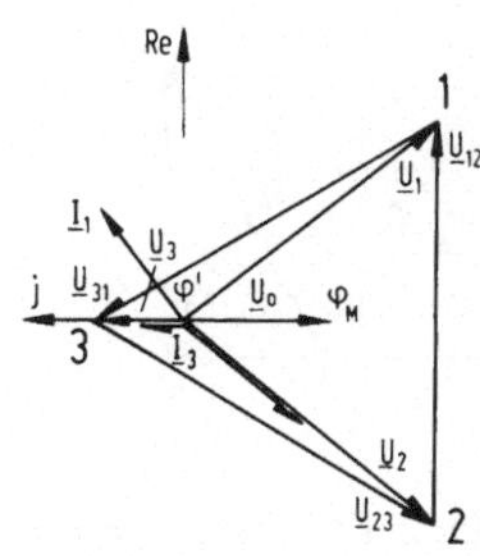

Bild 2.4.6 Zeigerdiagramm eines statischen Drehfeldanzeigers

Mit den Ergebnissen läßt sich das Zeigerdiagramm gemäß Bild 2.4.6 zeichnen.

In Bild 2.4.7 sind die normierten Strangspannungen in Abhängigkeit von dem Verhältnis X_c/R aufgetragen. Man erkennt, daß der günstigste Arbeitsbereich für den statischen Drehfeldanzeiger bei einem Verhältnis X_c/R von 1,1 bis 1,2 liegt. Die Spannung U_3 erreicht dann ein Minimum, während die beiden anderen Strangspannungen etwa gleich groß werden und sich im Betrag zu U_3 um den Faktor 3 unterscheiden.

Die Ortskurve der Strangspannungen ist in dem Zeigerdiagramm Bild 2.4.8 aufgetragen.

3. *Sternpunktpotential bei widerstandsbehaftetem Erdschluß*

Zur Untersuchung des Sternpunktpotentials bei einphasigen Erdschlüssen in nicht wirksam geerdeten Hochspannungsnetzen ist die Programmvariante „Sternpunktverlagerung 3" be-

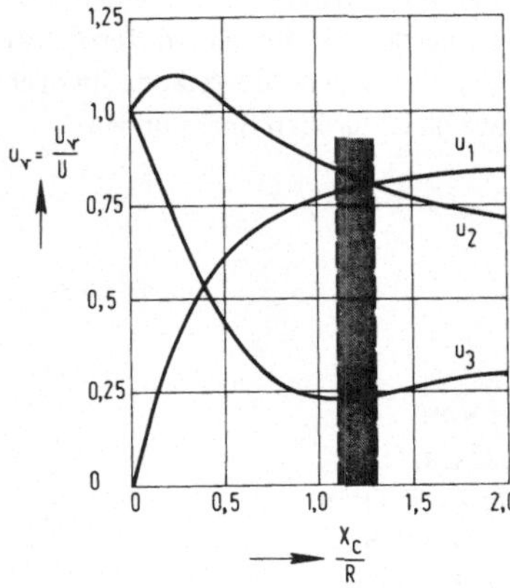

Bild 2.4.7 Strangspannungen beim statischen Drehfeldanzeiger

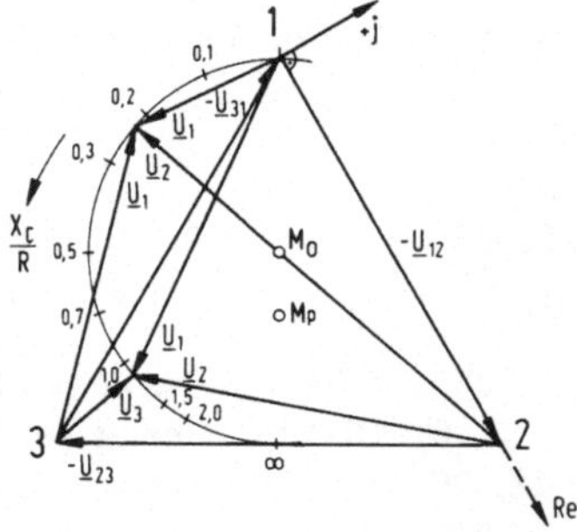

Bild 2.4.8 Ortskurve des Sternpunktpotentials mit Zeigerdiagramme für die Strangspannungen bei minimalem U_3 und bei maximalem U_2

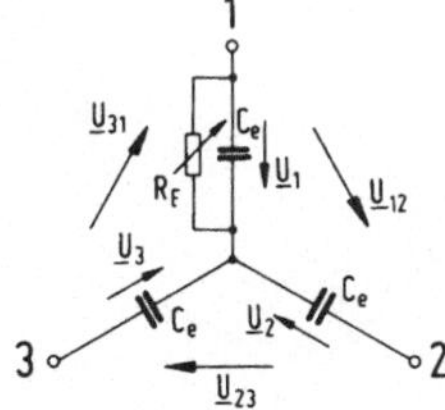

Bild 2.4.9 Ersatzschaltplan eines einphasigen widerstandsbehafteten Erdschlusses

sonders geeignet. Im Ersatzschaltplan nach Bild 2.4.9 besteht der Strang 1 aus einer Parallelschaltung eines ohmschen Widerstandes mit einer Kapazität. Nach dem Programmstart über Label B wird die Parallelschaltung in eine äquivalente Reihenschaltung umgewandelt.

Als Beispiel wird für den Wert des kapazitiven Blindwiderstandes der Erdkapazitäten C_e $X_e = 10\ k\Omega$ gesetzt.

Mit einem Fehlerwiderstand $R_F = 5\ k\Omega$, d.h. $R_F/X_e = 0{,}5$ ergeben sich folgende normierte Strangspannungen:

Eingaben:	1	STO A	(Da normierte Spannungen berechnet werden, ist der Eingabewert der Spannung beliebig $\neq 0$)
	0	STO 3	
	− 10 EEX 3	STO 4	
	0	STO 5	
	− 10 EEX 3	STO 6	
	− 10 EEX 3	ENTER	(Y-Register)
	5 EEX 3		(X-Register, d.h. $R_F/X_e = 0{,}5$)

Start [B]:

Ergebnisse: $u_1 = 0{,}48$
$u_2 = -0{,}52$
$u_3 = 0{,}90$

Rechenzeit rd. 40 Sekunden

Eingabe:	− 10 EEX 3	ENTER	
	1 EEX 3		(d.h. $R_F/X_e = 0{,}1$)

Start [B]:

Ergebnisse: $u_1 = 0{,}17$
$u_2 = -0{,}89$
$u_3 = 1{,}10$

In Bild 2.4.10 sind die Ergebnisse für $0 \leqslant R_F/X_e \leqslant 2$ aufgetragen. Das Maximum der verlagerten Strangspannungen tritt mit $u_3 = 1{,}1$ bei einem Widerstandsverhältnis $R_F/X_e = 0{,}12$ auf. Hierzu ist ein Zeigerdiagramm in Bild 2.4.11 angegeben:

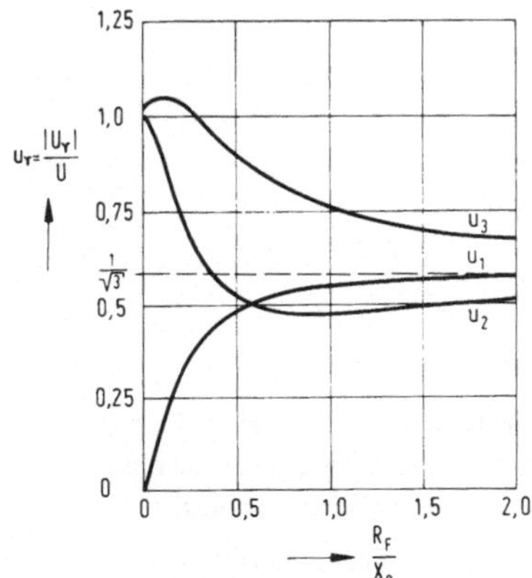

Bild 2.4.10 Auf die Nennspannung bezogene Strangspannungen in Abhängigkeit von Fehlerwiderstand an der Erdschlußstelle

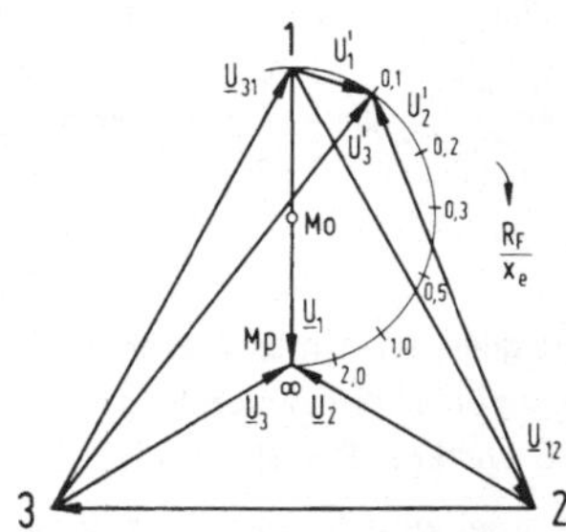

Bild 2.4.11 Ortskurve des Sternpunktpotentials bei widerstandsbehaftetem Erdschluß

2.5 Leitungsgleichungen

In der elektrischen Energieübertragungstechnik und in der Nachrichtenübertragungstechnik beschreiben die Leitungsgleichungen den exakten Zusammenhang zwischen den elektrischen Größen am Anfang und Ende der Leitung [6]:

$$\underline{U}_1 = \underline{U}_2 \cosh \underline{\gamma}\, l + \underline{I}_2\, \underline{Z}_W \sinh \underline{\gamma}\, l \tag{2.5.1}$$

$$\underline{I}_1 = \underline{I}_2 \cosh \underline{\gamma}\, l + \frac{\underline{U}_2}{\underline{Z}_W} \sinh \underline{\gamma}\, l \tag{2.5.2}$$

Für die Übertragungsparameter Wellenwiderstand $\underline{Z}_W$ und Übertragungsmaß $\underline{\gamma}$ gilt:

$$\underline{Z}_W = \sqrt{\frac{R' + j\omega L'}{G' + j\omega C'}} \tag{2.5.3}$$

$$\underline{\gamma} = \alpha + j\beta = \sqrt{(R' + j\omega L')\ (G' + j\omega C')} \tag{2.5.4}$$

Da die exakte rechnerische Auswertung wegen der komplexen Größen recht mühsam ist, werden in der Literatur für die verschiedenen Anwendungsbereiche Näherungsformeln hergeleitet. Bei der programmierten Lösung dieser Gleichungen erweist sich diese Aufsplitterung der Lösungen auch bei der Anwendung von Taschenrechnern als nicht mehr erforderlich, da insbesondere die exakte Lösung eine einfachere und übersichtlichere Programmstruktur ergibt. Das Programm kann daher ausschließlich den Anforderungen der Aufgabenstellung hinsichtlich der Ergebnisausgaben angepaßt werden. Das schon in Band 2 dieser Reihe angegebene Programm „Leitungsgleichungen" wird hier bezüglich der Ergebnisausgabe besonders auf die Belange der Energietechnik zugeschnitten.

Für Übertragungsberechnungen im Bereich der Energietechnik stehen als Eingabewerte meist Spannungen und Leistungen zur Verfügung. Es ist dann zweckmäßig, den Strom am Leitungsende über die gegebene Leistung (Strangwerte) zu berechnen:

$$\underline{I}_2 = \frac{\underline{S}_2^*}{\underline{U}_2} \tag{2.5.5}$$

Für die natürliche Leistung S_{nat} als wichtige Kenngröße der Leitung für reflexionsfreie Übertragung gilt:

$$|S_{nat}| = \frac{U_2^2}{|Z_W|} \tag{2.5.6}$$

Die Einspeiseleistung ergibt sich aus Einspeisespannung $\underline{U}_1$ und Einspeisestrom $\underline{I}_1$:

$$\underline{S}_1 = P_1 + j\,Q_1 = \underline{U}_1 \cdot \underline{I}_1^* \tag{2.5.7}$$

Schließlich folgt für den Wirkungsgrad der Übertragung:

$$\eta = \frac{P_2}{P_1} \tag{2.5.8}$$

Die hyperbolischen Funktionen mit komplexen Argumenten werden für die Programmierung in Real- und Imaginärteil aufgespalten:

$$\cosh \underline{\gamma}\, l = \cosh (a + j b) = \tfrac{1}{2} [(e^a + e^{-a}) \cos b + j (e^a - e^{-a}) \sin b] \tag{2.5.9}$$

$$\sinh \underline{\gamma}\, l = \sinh (a + j b) = \tfrac{1}{2} [(e^a - e^{-a}) \cos b + j (e^a + e^{-a}) \sin b] \tag{2.5.10}$$

Mit diesen Gleichungen ist das Rüstzeug für die programmierte Berechnung der Übertragungsparameter in komplexer Form mit dem Taschenrechner gegeben.

2.5.1 Programmstruktur „Leitungsgleichungen"

In dem Programm werden die elektrischen Größen Strom und Spannung am Leitungsanfang in Abhängigkeit von der Spannung und der Leistung am Leitungsende gemäß Gl. (2.5.1 bis 2.5.4) berechnet. Vor dem Start des Programms über die Startadresse Label A müssen folgende Parameter eingegeben werden:

Spannung am Leitungsende	U_2 in V	⇒ STO A
Wirkleistung am Leitungsende	P_2 in W	⇒ STO B
Blindleistung am Leitungsende	Q_2 in var	⇒ STO C
Frequenz	f in Hz	⇒ STO D
Leitungslänge	l in km	⇒ STO E

Widerstandsbelag R' in $\frac{\Omega}{km}$ ⇒ STO 1

Induktivitätsbelag L' in $\frac{H}{km}$ ⇒ STO 2

Ableitungsbelag G' in $\frac{S}{km}$ ⇒ STO 3

Kapazitätsbelag C' in $\frac{F}{km}$ ⇒ STO 4

Als Ergebnisse werden folgende Werte angezeigt bzw. ausgegeben:

Wellenwiderstand	Z_W in Ω
Natürliche Leistung	S_{nat} in VA
Dämpfung	$a = \alpha\, l$
Phasendrehung	$b = \beta\, l$ in Grad

Einspeisespannung	U_1 in V
Phasenwinkel von $\underline{U}_1$ ($\measuredangle \underline{U}_1, \underline{U}_2$)	φ_{u1} in Grad
Einspeisestrom	I_1 in A
Phasenwinkel von $\underline{I}_1$ ($\measuredangle \underline{I}_1, \underline{U}_2$)	φ_{I1} in Grad
Einspeiseleistung	P_1 in W
Wirkungsgrad	η in %

Wenn für die Spannung in STO A die verkettete Spannung und für die Leistungen in STO B, STO C die Drehstromleistungen eingegeben werden, so ist Spannung U_1 ebenfalls die verkettete Spannung und die Verlustleistung gleich der Verlustleistung des gesamten Drehstromsystems. Der ausgegebene Strom I_1 ist dann gleich dem $\sqrt{3}$ fachen Leiterstrom. Werden dagegen für die Eingabewerte Strangwerte eingesetzt, so sind die Ergebniswerte ebenfalls Strangwerte.

Die Eingabewerte für Spannung und Leistung können auch als kV- bzw. MVA-Werte eingegeben werden. Als Ergebnisse werden dann für die Spannung ebenfalls kV- und für die Leistungen MVA-Werte ausgegeben (siehe Beispiel 2).

Alle Winkel sind auf die Richtung des Spannungszeigers $\underline{U}_2$ bezogen. Positive Winkel bedeuten Voreilung und negative Winkel bedeuten Nacheilung.

2.5.2 Programmbeschreibung „Leitungsgleichungen"

Das Programm beginnt mit der Startadresse Label A in Zeile 001. Die Kreisfrequenz ω wird in Zeile 007 nach STO 5 abgespeichert. Mit den Anweisungen bis Zeile 027 wird der Wellenwiderstand gemäß Gl. (2.5.3) berechnet. Der Betrag wird nach STO 4' und der Phasenwinkel nach STO 5' abgespeichert. Anschließend wird nach Gl. (2.5.6) die natürliche Leistung berechnet und in Zeile 039 ausgegeben. Bis Zeile 052 wird das Übertragungsmaß $\underline{\gamma}$ berechnet und als Dämpfungskonstante a in Zeile 055 sowie als Phasenkonstante b in Zeile 059 ausgegeben. Für die Berechnung der hyperbolischen Vierpolkoeffizienten $\cosh \underline{\gamma}\, l$ und $\sinh \underline{\gamma}\, l$ ist ein Unterprogramm mit den Adressen Label a für cosh ab Zeile 150 und Label b für sinh ab Zeile 153 vorgesehen. Als Übertragungsparameter für diese Unterprogramme muß im Y-Register die Konstante b und im X-Register die Konstante a bereitgestellt werden. Das Unterprogramm wird mit der entsprechenden Hyperbelfunktion in Polarkoordinaten verlassen. Als Ergebnisse der Berechnung der Leitungsgleichungen werden die Spannung $\underline{U}_1$ in den Zeilen 097 und 100 sowie der Strom $\underline{I}_1$ in den Zeilen 117 und 119 nach Betrag und Winkel ausgegeben.

Durch komplexe Multiplikation in dem Unterprogramm Label c wird das Produkt $\underline{U}_1\, \underline{I}_1^*$ gebildet und der Realteil als Einspeisewirkleistung in Zeile 127 ausgegeben. Zum Abschluß wird noch der Leitungswirkungsgrad η berechnet und zum Programmende angezeigt. In dem Unterprogramm Label 2 wird die indirekte Speicheradressierung vorbereitet, mit der die Ergebnisse einer komplexen Multiplikation in dem Unterprogramm Label 1 den Primärspeichern STO 6 bis STO 9 zugeordnet werden. Das Unterprogramm Label d dient der komplexen Division in Polarkoordinaten. In dem Unterprogramm Label e werden die komplexen Größen aus den Primärspeichern STO 6 bis STO 9 addiert und das Ergebnis in Polarkoordinaten an das rufende Programm zurückgegeben.

Tabelle 2.5.1 Anweisungsliste „Leitungsgleichungen $\underline{U}_1 = f(U_2, \underline{S}_2)$"

```
Start 001 *LBLA
      002 RCLD
      003 2
      004 ×
      005 Pi
      006 ×
      007 STO5
      008 RCL2
      009 ×
      010 RCL1
      011 →P
      012 RCL5
      013 RCL4
      014 ×
      015 RCL3
      016 →P
      017 P⇄S
      018 STO0
      019 R↓
      020 STO1
      021 R↓
      022 STO2
      023 R↓
      024 STO3
      025 R↓
      026 GSBd
      027 √X
      028 STO4
      029 DSP0
      030 PRTX => Z_w
      031 X⇄Y
      032 2
      033 ÷
      034 STO5
      035 RCLA
      036 X²
      037 RCL4
      038 ÷
      039 PRTX => S_nat
      040 RCL3
      041 RCL2
      042 RCL1
      043 RCL0
      044 GSBc
      045 √X
      046 RCLE
      047 ×
      048 X⇄Y
      049 2
      050 ÷
      051 X⇄Y
      052 →R
      053 STO6
      054 DSP4
      055 PRTX => a
      056 X⇄Y
      057 R→D
      058 STO7
      059 PRTX => b
      060 SPC
      061 X⇄Y
      062 GSBa
      063 STO0
      064 X⇄Y
      065 STO1
      066 RCL7
      067 RCL6
      068 GSBb
      069 STO2
      070 X⇄Y
      071 STO3
      072 RCLC
      073 CHS
      074 RCLB
      075 →P
      076 RCLA
      077 ÷
      078 STO8
      079 X⇄Y
      080 STO9
      081 GSB2
      082 0
      083 RCLA
      084 GSB1
      085 RCL3
      086 RCL2
      087 RCL5
      088 RCL4
      089 GSBc
      090 RCL9
      091 RCL8
      092 GSB1
      093 GSBe
      094 P⇄S
      095 STO0
      096 DSP0
      097 PRTX => U1
      098 X⇄Y
      099 STO5
      100 PRTX => φU1
      101 P⇄S
      102 GSB2
      103 RCL9
      104 RCL8
      105 GSB1
      106 RCL3
      107 RCL2
      108 RCL5
      109 CHS
      110 RCL4
      111 1/X
      112 GSBc
      113 0
      114 RCLA
      115 GSB1
      116 GSBe
      117 PRTX => I1
      118 X⇄Y
      119 PRTX => φI1
      120 P⇄S
      121 CHS
      122 X⇄Y
      123 RCL5
      124 RCL0
      125 GSBc
      126 →R
      127 PRTX => P1
      128 RCLB
      129 ÷
      130 1/X
      131 EEX
      132 2
      133 ×
      134 R/S => η
UP    135 *LBL2
      136 1
      137 6
      138 STOI
      139 RCL1
      140 RCL0
      141 RTN
UP    142 *LBL1
      143 GSBc
      144 STOi
      145 X⇄Y
      146 ISZI
      147 STOi
      148 ISZI
      149 RTN
cosh  150 *LBLa
      151 SF2
      152 GTO0
sinh  153 *LBLb
      154 CF2
      155 *LBL0
      156 ENT↑
      157 CHS
      158 e^x
      159 ENT↑
      160 R↓
      161 F2?
      162 GTO0
      163 CHS
      164 SF2
      165 *LBL0
      166 X⇄Y
      167 e^x
      168 +
      169 LSTX
      170 R↑
      171 F2?
      172 GTO0
      173 CHS
      174 *LBL0
      175 +
      176 R↑
      177 SIN
      178 ×
      179 2
      180 ÷
      181 R↓
      182 X⇄Y
      183 COS
      184 ×
      185 2
      186 ÷
      187 R↑
      188 X⇄Y
      189 →P
      190 RTN
𝔄×𝔅   191 *LBLc
      192 X⇄Y
      193 R↓
      194 ×
      195 R↓
      196 +
      197 R↑
      198 RTN
𝔄÷𝔅   199 *LBLd
      200 X⇄Y
      201 R↓
      202 ÷
      203 R↓
      204 X⇄Y
      205 -
      206 R↑
      207 RTN
𝔄+𝔅   208 *LBLe
      209 P⇄S
      210 RCL9
      211 RCL8
      212 →R
      213 RCL7
      214 RCL6
      215 →R
      216 P⇄S
      217 X⇄Y
      218 R↓
      219 +
      220 R↓
      221 +
      222 R↑
      223 →P
      224 RTN
```

2.5.3 Test- und Anwendungsbeispiele

1. Am Ende einer Drehstrom-Freileitung von 500 km Länge soll bei einer Sternspannung am Leitungsende von U_2 = 100 kV eine Wirkleistung von P_2 = 10 MW je Phase bei $\cos\varphi_2 = 0{,}8$ induktiv und f = 50 Hz entnommen werden.

   Es gelten folgende Leitungskonstanten:

   R' = 0,1 Ω/km; L' = 1,0 mH/km; G' = 0,1 μS/km; C' = 0,011 μF/km

Eingaben:						
	[EEX] 5	⇒	STO A	für	U
	[EEX] 7	⇒	STO B	für	P
	.8 [cos⁻¹] [tan] [X]	⇒	STO C	für	Q
	50	⇒	STO D	für	f
	500	⇒	STO E	für	l
	.1	⇒	STO 1	für	R'
	[EEX] 3 [CHS]	⇒	STO 2	für	L'
	.1 [EEX] 6 [CHS]	⇒	STO 3	für	G'
	.011 [EEX] 6 [CHS]	⇒	STO 4	für	C'

Start [A]:

Ergebnisse:			
Z_W	=	308,81 Ω	Wellenwiderstand
S_{nat}	=	32.382.377 VA	Natürliche Leistung je Strang
a	=	0,0895	Leitungsdämpfung
b	=	30,15°	Phasendrehung
U_1	=	103 940 V	Einspeisespannung
φ_{u1}	=	8,96°	Winkel der Einspeisespannung (Voreilung)
I_1	=	139,52 A	Einspeisestrom
φ_{I1}	=	48,56°	Winkel des Einspeisestromes gegenüber U_2
P_1	=	11.173.218 W	Einspeiseleistung je Strang
η	=	89,5 %	Übertragungswirkungsgrad

Rechenzeit rd. 50 Sekunden

2. Eine 380 kV-Freileitung von 400 km Länge soll am Leitungsende mit der natürlichen Leistung $S_{nat} \approx 460$ MVA belastet werden. Es gelten folgende Leitungskonstanten [7]:

$$R' = 0{,}03\ \frac{\Omega}{km};\ L' = 1{,}05\ \frac{mH}{km};\ G' = 0{,}6 \cdot 10^{-7}\frac{S}{km};\ C' = 1{,}066 \cdot 10^{-8}\frac{F}{km}$$

Eingaben:		
U_2 = 380 kV:	380 ⇒	STO A
P_2 = 460 MVA:	460 ⇒	STO B
Q_2 = 0:	0 ⇒	STO C
f = 50 Hz:	50 ⇒	STO D
l = 400 km:	400 ⇒	STO E
$R' = 0{,}03\ \frac{\Omega}{km}$:	.03 ⇒	STO 1

$L' = 1{,}05\,\frac{mH}{km}$: 1 .05 [EEX] 3 [CHS] ⇒ STO 2

$G' = 0{,}06\,\frac{\mu S}{km}$: .6 [EEX] 7 [CHS] ⇒ STO 3

$C' = 0{,}01066\,\frac{\mu F}{km}$: 1.066 [EEX] 8 [CHS] ⇒ STO 4

Start [A]:

Ergebnisse:			
	Z_W =	314 Ω	Wellenwiderstand
	S_{nat} =	459 MVA	Natürliche Leistung des Drehstromsystems
	a =	0,0229	Leitungsdämpfung
	b =	24,10°	Phasendrehung
	U_1 =	394 kV	Einspeisespannung
	φ_{U1} =	23,75°	Winkel der Einspeisung
	$\sqrt{3}\,I_1$ =	1,222 kA	(I_1 = 705 A) Einspeisestrom
	φ_{I1} =	24,44°	Winkel des Einspeisestroms
	P_1 =	481 MW	Einspeiseleistung des Drehstromsystems
	η =	95,57 %	Übertragungswirkungsgrad

2.6 Spannungs-Netzkennlinie

Die Spannungs-Netzkennlinie beschreibt die Spannung an dem betrachteten Knotenpunkt eines Netzes in Abhängigkeit von den Übertragungsparameter Wirk- oder Blindleistung. Das dabei nicht beliebige Leistungswerte zulässig sind, folgt aus der Tatsache, daß für jede Quelle mit endlichem Innenwiderstand eine maximal abgebbare Leistung existiert (Leistungsanpassung $R_a = R_i$). Im Bereich der Energietechnik liegen die zulässigen Belastungen jedoch weit unterhalb dieser knotenpunktspezifischen Maximallast.

Beschreibt man das Netz zwischen einem benachbarten Knotenpunkt und einer fiktiven Quelle durch einen Vierpol mit der Übertragungsmatrix $\underline{A}$ so folgt:

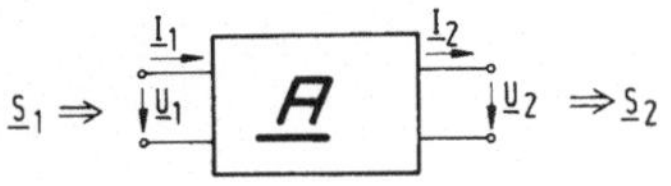

Bild 2.6.1 Vierpoldarstellung eines Übertragungssystems

$$\underline{U}_1 = \underline{A}_{11} \cdot \underline{U}_2 + \underline{A}_{12} \cdot \underline{I}_2 \tag{2.6.1}$$

$$\underline{I}_1 = \underline{A}_{21} \cdot \underline{U}_2 + \underline{A}_{22} \cdot \underline{I}_2 \tag{2.6.2}$$

Für die Spannung $\underline{U}_2$ gilt in Abhängigkeit von der Einspeisespannung $\underline{U}_1$ und der Leistungsabgabe $\underline{S}_2$:

$$\underline{U}_2 = \underline{U}_1\,\frac{1}{\underline{A}_{11}} - \frac{\underline{S}_2^*}{\underline{U}_2^*}\,\frac{\underline{A}_{12}}{\underline{A}_{11}} \tag{2.6.3}$$

Mit den Abkürzungen:

$$\underline{A} = A_r + j\,A_i = -\frac{\underline{U}_1}{\underline{A}_{11}} \tag{2.6.4}$$

$$\underline{B} = B_r + j\,B_i = \underline{S}_2^*\,\frac{\underline{A}_{12}}{\underline{A}_{11}} \tag{2.6.5}$$

läßt sich die gesuchte Spannung U_2 als quadratische Gleichung formulieren:

$$U_2^2 + \underline{U}_2^* \underline{A} + \underline{B} = 0 \qquad (2.6.6)$$

Die Aufspaltung der Gl. (2.6.6) in Real- und Imaginärteil liefert die beiden Lösungsgleichungen:

$$U_{2r}^2 \left[1 + \left(\frac{A_i}{A_r}\right)^2\right] + U_{2r} \frac{1}{A_r} \left[A_i^2 + 2 \frac{A_i B_i}{A_r} + A_r^2\right] + \left(\frac{B_i}{A_r}\right)^2 + \frac{A_i B_i}{A_r} + B_r = 0 \qquad (2.6.7)$$

$$U_{2i} = U_{2r} \frac{A_i}{A_r} + \frac{B_i}{A_r} \qquad (2.6.8)$$

Für eine Leitung ergeben sich die Vierpolkoeffizienten zu:

$$\underline{A}_{11} = \underline{A}_{22} = \cosh \underline{\gamma}\, l \qquad (2.6.9)$$

$$\underline{A}_{12} = \underline{Z}_W \sinh \underline{\gamma}\, l \qquad (2.6.10)$$

$$\underline{A}_{21} = \frac{1}{\underline{Z}_W} \sinh \underline{\gamma}\, l \qquad (2.6.11)$$

Die Sekundärform der Spannungs-Netzkennlinie einer Leitung $\underline{U}_2 = f(\underline{U}_1, \underline{S}_2)$ läßt sich durch Auswertung der Gln. (2.6.3 bis 2.6.11) auf dem Taschenrechner programmieren. Von den beiden Lösungswerten der quadratischen Gl. (2.6.7) ist nur derjenige mit dem höheren Spannungsbetrag technisch sinnvoll.

2.6.1 Programmstruktur „Spannungsnetzkennlinie"

In dem Programm wird die Spannung am Leitungsende nach Betrag und Phase in Abhängigkeit von der übertragenen Wirk- und Blindleistung sowie der Frequenz und der Leitungslänge berechnet. Vor dem Start des Programms über die Startadresse Label A müssen folgende Parameter eingegeben werden:

Spannung am Leitungsanfang	U_1	in	V	⇒	STO A
Wirkleistung am Leitungsende	P_2	in	W	⇒	STO B
Blindleistung am Leitungsende	Q_2	in	var	⇒	STO C
Frequenz	f	in	Hz	⇒	STO D
Leitungslänge	l	in	km	⇒	STO E

Widerstandsbelag	R'	in	$\frac{\Omega}{km}$	⇒	STO 1
Induktivitätsbelag	L'	in	$\frac{H}{km}$	⇒	STO 2
Ableitungsbelag	G'	in	$\frac{S}{km}$	⇒	STO 3
Kapazitätsbelag	C'	in	$\frac{F}{km}$	⇒	STO 4

Als Ergebnisse werden folgende Werte angezeigt bzw. ausgewiesen:

Wellenwiderstand	Z_W in Ω
natürliche Leistung	S_{nat} in VA
Dämpfung	$a = \alpha\, l$
Phasendrehung	$b = \beta\, l$ in Grad
Spannung am Leitungsende	U_2 in V
Phasenwinkel von $\underline{U}_2$ (∢ $\underline{U}_1$, $\underline{U}_2$)	φ_{u2} in Grad

2.6.2 Programmbeschreibung „Spannungs-Netzkennlinie"

Das Programm beginnt mit der Startadresse Label A in Zeile 001. Die Anweisungsliste ist bis zur Zeile 058 identisch mit dem Programm „Leitungsgleichungen". Auch die Unterprogramme Label a für den hyperbolischen Cosinus mit komplexem Argument sowie Label b für sinh und Label c, Label d für die komplexe Multiplikation bzw. Division wurden unverändert übernommen. Mit dem Unterprogrammaufruf GSB d in Zeile 082 wird die Gl. (2.6.4) ausgewertet und das Ergebnis in Polarkoordinaten an das Hauptprogramm übergeben. Ab Zeile 085 ist in STO 0 der Betrag des Vierpolkoeffizienten $\underline{A}$ abgespeichert. Mit GSB c in Zeile 100 steht auch der Vierpolkoeffizient $\underline{B}$ gemäß Gl. (2.6.5) zur Verfügung. Der Real- und Imaginärteil wird in die Sekundärspeicher STO 2' und STO 3' abgelegt. In Zeile 137 wird die Wurzel gemäß der Lösungsformel für die quadratische Gleichung (2.6.7) ausgewertet. An dieser Stelle wird die Programmbearbeitung mit ERROR-Anzeige unterbrochen, wenn das Gleichungssystem nicht reell lösbar ist, d.h. wenn bei dem vorgegebenen U_1 eine nicht übertragbare Leistung $\underline{S}_2$ vorgegeben wurde. Als Ergebnis werden die Spannung U_2 und der Phasenwinkel φ_{u2} gegenüber U_1 in den Zeilen 153 und 155 ausgegeben.

2.6.3 Test- und Anwendungsbeispiel

Es soll die Spannungs-Netzkennlinie für den Übergabepunkt einer 200 km langen 220 kV-Leitung bei konstanter Einspeisespannung $U_1 = 220$ kV in der Form $U_2 = f(P_2)$ bei konstantem $\cos\varphi_2 = 0{,}95$ aufgenommen werden ($0 \leqq P_2 \leqq 150$ MW).

Es gelten folgende Leitungsdaten:

$$R' = 0{,}1\ \frac{\Omega}{\text{km}};\quad L' = 1{,}4\ \frac{\text{mH}}{\text{km}};\quad G' = 10^{-7}\ \frac{\text{S}}{\text{km}};\quad C' = 8{,}4 \cdot 10^{-9}\ \frac{\text{F}}{\text{km}}$$

Eingabedaten für den Leerlauf-Betriebspunkt:

$U_1 = 220$ kV:	220 EEX 3	⇒ STO A
$P_2 = 0$:	0	⇒ STO B
$Q_2 = 0$:	0	⇒ STO C
$f = 50$ Hz:	50	⇒ STO D
$l = 200$ km:	200	⇒ STO E
$R' = 0{,}1\ \frac{\Omega}{\text{km}}$:	.1	⇒ STO 1
$L' = 1{,}4\ \frac{\text{mH}}{\text{km}}$:	1.4 [EEX] 3 [CHS]	⇒ STO 2
$G' = 0{,}1\ \frac{\mu\text{S}}{\text{km}}$:	[EEX] 7 [CHS]	⇒ STO 3
$C' = 8{,}4\ \frac{\text{nF}}{\text{km}}$:	8.4 [EEX] 9 [CHS]	⇒ STO 4

Start [A]:

Ergebnisse:		
	$Z_W = 413\ \Omega$	Wellenwiderstand
	$S_{nat} = 117$ MVA	Natürliche Leistung
	$a = 0{,}0285$	Leitungsdämpfung
	$b = 12{,}4°$	Phasendrehung
	$U_2 = 225{,}2$ kV	Spannung am Leitungsende
	$\varphi_{u2} = -0{,}36°$	Winkel der Spannung U_2 gegen U_1

Rechenzeit rd. 40 Sekunden

Tabelle 2.6.1 Anweisungsliste „Spannungs-Netzkennlinie $\underline{U}_2 = f(U_1, \underline{S}_2)$"

	Schritt	Anweisung
Start	001	*LBLA
	002	RCLD
	003	2
	004	x
	005	Pi
	006	x
	007	STO5
	008	RCL2
	009	x
	010	RCL1
	011	→P
	012	RCL5
	013	RCL4
	014	x
	015	RCL3
	016	→P
	017	P⇄S
	018	STO0
	019	R↓
	020	STO1
	021	R↓
	022	STO2
	023	R↓
	024	STO3
	025	R↓
	026	GSBd
	027	√X
	028	STO4
	029	DSP0
	030	PRTX ⟹ Z_w
	031	X⇄Y
	032	2
	033	÷
	034	STO5
	035	RCLA
	036	X²
	037	RCL4
	038	÷
	039	PRTX ⟹ S_{nat}
	040	RCL3
	041	RCL2
	042	RCL1
	043	RCL0
	044	GSBc
	045	√X
	046	RCLE
	047	x
	048	X⇄Y
	049	2
	050	÷
	051	X⇄Y
	052	→R
	053	STO6
	054	DSP4
	055	PRTX ⟹ a
	056	X⇄Y
	057	R→D
	058	STO7
	059	DSP2
	060	PRTX ⟹ b
	061	SPC
	062	DSP0
	063	X⇄Y
	064	GSBb
	065	RCL5
	066	RCL4
	067	GSBc
	068	STO8
	069	X⇄Y
	070	STO9
	071	RCL7
	072	RCL6
	073	GSBa
	074	STO6
	075	X⇄Y
	076	STO7
	077	0
	078	RCLA
	079	CHS
	080	RCL7
	081	RCL6
	082	GSBd
	083	P⇄S
	084	STO0
	085	ST×0
	086	P⇄S
	087	→R
	088	STO0
	089	X⇄Y
	090	STO1
	091	RCL9
	092	RCL8
	093	RCL7
	094	RCL6
	095	GSBd
	096	RCLC
	097	CHS
	098	RCLB
	099	→P
	100	GSBc
	101	→R
	102	STO2
	103	X⇄Y
	104	STO3
	105	RCL0
	106	RCL1
	107	RCL3
	108	x
	109	P⇄S
	110	RCL0
	111	÷
	112	X⇄Y
	113	2
	114	÷
	115	+
	116	P⇄S
	117	RCL3
	118	X²
	119	RCL0
	120	RCL1
	121	x
	122	RCL3
	123	x
	124	+
	125	RCL0
	126	X²
	127	RCL2
	128	x
	129	+
	130	P⇄S
	131	RCL0
	132	÷
	133	CHS
	134	X⇄Y
	135	X²
	136	+
	137	√X
	138	X⇄Y
	139	-
	140	STO0
	141	P⇄S
	142	RCL1
	143	RCL0
	144	÷
	145	x
	146	RCL3
	147	RCL0
	148	÷
	149	+
	150	P⇄S
	151	RCL0
	152	→P
	153	PRTX ⟹ U_2
	154	X⇄Y
	155	PRTX ⟹ φ_{U2}
	156	SPC
	157	X⇄Y
	158	R/S
cosh	159	*LBLa
	160	SF2
	161	GTO0
sinh	162	*LBLb
	163	CF2
	164	*LBL0
	165	ENT↑
	166	CHS
	167	e^x
	168	ENT↑
	169	R↓
	170	F2?
	171	GTO0
	172	CHS
	173	SF2
	174	*LBL0
	175	X⇄Y
	176	e^x
	177	+
	178	LSTX
	179	R↑
	180	F2?
	181	GTO0
	182	CHS
	183	*LBL0
	184	+
	185	R↑
	186	SIN
	187	x
	188	2
	189	÷
	190	R↓
	191	X⇄Y
	192	COS
	193	x
	194	2
	195	÷
	196	R↑
	197	X⇄Y
	198	→P
	199	RTN
𝔄×𝔅	200	*LBLc
	201	X⇄Y
	202	R↓
	203	x
	204	R↓
	205	+
	206	R↑
	207	RTN
𝔄÷𝔅	208	*LBLd
	209	X⇄Y
	210	R↓
	211	÷
	212	R↓
	213	X⇄Y
	214	-
	215	R↑
	216	RTN

Die nächsten Betriebspunkte sollen für P_2 = 50 MW, 100 MW und 150 MW bei $\cos\varphi = 0{,}95$ bestimmt werden:

Eingaben:	50	[EEX] 6	STO B	für P_2
	.95 [cos⁻¹]	[tan] x	STO C	für Q_2
Start [A]:		U_2 = 212,6 kV $\varphi_{u2} = -4{,}3°$		
Eingaben:	100	[EEX] 6	STO B	für P_2
	.95 [cos⁻¹]	[tan] x	STO C	für Q_2
Start [A]:		U_2 = 195,6 kV $\varphi_{u2} = -11{,}1°$		
Eingaben:	150	[EEX] 6	STO B	für P_2
	.95 [cos⁻¹]	[tan] x	STO C	für Q_2
Start [A]:		U_2 = 168,2 kV $\varphi_{u2} = -19{,}4°$		

Durch kapazitive Blindleistungseinspeisung mit $\cos\varphi = 0{,}95$ kapazitiv könnte die Spannung U_2 wieder über Nennspannung angehoben werden:

Eingaben: RCL C [CHS] STO C (Kapazitive Blindleistung für Q_2)

Start [A]: U_2 = 221,4 kV
$\varphi_{u2} = -17{,}2°$

2.7 Zweibein-Einspeisung mit Stelltransformatoren

2.7.1 Vorbemerkung

Eine erhöhte Versorgungssicherheit und eine günstigere Lastaufteilung in Bezug auf die Einspeisung eines Netzknotenpunktes wird durch eine zweibeinige Einspeisung selektiv geschützter Leitungen erreicht (Bild 2.7.1) [8]. Bei der Projektierung derartiger Netzschaltungen muß sich der Planungsingenieur Klarheit über die Strom- und Spannungsverteilung verschaffen. Insbesondere ist die Kenntnis über den Einfluß der Stufenstellung der Stelltransformatoren über den gesamten Stellbereich notwendig. Für die hierzu bei exakter Aufgabenlösung erforderlichen langwierigen numerischen Rechnungen mit komplexen Größen bietet der programmierbare Taschenrechner dem Projektierungsingenieur wie dem Betriebsingenieur ein brauchbares Hilfsmittel.

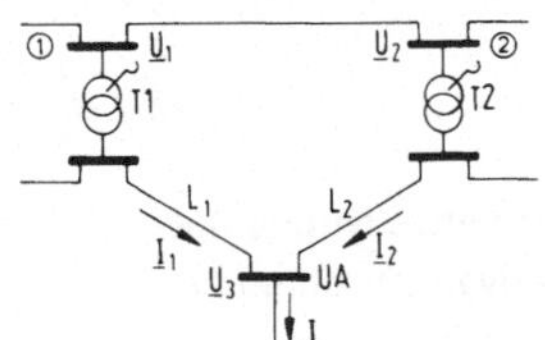

Bild 2.7.1 Zweibein-Einspeisung

2.7.2 Berechnungsgrundlagen

Zu der angegebenen Schaltung wird eine Ersatzschaltung bezogen auf die Spannungsebene der Umspannanlage UA ermittelt (Bild 2.7.2).

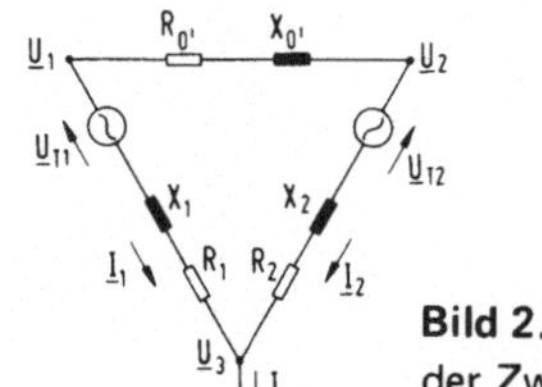

Bild 2.7.2 Ersatzschaltplan der Zweibein-Einspeisung

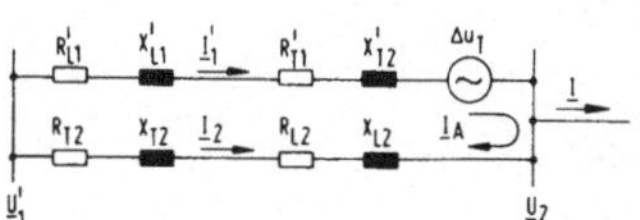

Bild 2.7.3 Auf eine Paralleleinspeisung reduzierter Ersatzschaltplan

Betrachtet man die Spannungen $\underline{U}_1$ und $\underline{U}_2$ als eingeprägte Spannungen, so kann man die Differenzspannung $\Delta\underline{U} = \underline{U}_1 - \underline{U}_2$ mit den Differenzspannungen auf Grund der jeweiligen Stufenstellung der beiden Stelltransformatoren ΔU_{T1} und ΔU_{T2} zu einer Differenzspannung ΔU_T zusammenfassen. In vielen praktischen Fällen, insbesondere im Mittelspannungsbereich, wird ohnehin die Differenzspannung ΔU vernachlässigbar sein ($Z_0' \ll Z_1, Z_2$), so daß die Punkte 1 und 2 elektrisch zusammenfallen und lediglich eine Differenzspannung auf Grund unterschiedlicher Einstellübersetzungen der Stelltransformatoren übrig bleibt (Bild 2.7.3).

$$\Delta\underline{U}_T = \Delta\underline{U}_{T1} + \Delta\underline{U} - \Delta\underline{U}_{T2} \approx \Delta\underline{U}_{T1} - \Delta\underline{U}_{T2} \tag{2.7.1}$$

$$\Delta\underline{U}_T = (n_{T1} - n_{T2})\, \Delta\underline{U}_{St} \tag{2.7.2}$$

$$\Delta\underline{u}_T = \frac{\Delta\underline{U}_T}{U_n} \sqrt{3} \tag{2.7.3}$$

$$\underline{I}_1' = \underline{I} \; \frac{\underline{Z}_2}{\underline{Z}_1 + \underline{Z}_2} \tag{2.7.4}$$

Auf Grund der Differenzspannung ΔU_T bei ungleicher Stufenstellung fließt ein Ausgleichsstrom $\underline{I}_A$:

$$\underline{I}_A = \frac{\Delta\underline{U}_T}{\underline{Z}_1 + \underline{Z}_2} \tag{2.7.5}$$

Die endgültige Stromverteilung ergibt sich durch die Überlagerung der natürlichen Stromverteilung mit dem Ausgleichsstrom:

$$\underline{I}_1 = \underline{I}_1' + \underline{I}_A \tag{2.7.6}$$

$$\underline{I}_2 = \underline{I} - \underline{I}_1 \tag{2.7.7}$$

Für den Spannungsabfall über die Paralleleinspeisung gilt:

$$\Delta\underline{U}_{13} = \underline{I}_2 \cdot \underline{Z}_2 \tag{2.7.8}$$

$$\Delta u_{13} = \frac{|\Delta U|}{U_n} \sqrt{3} \tag{2.7.9}$$

Als Eingabewerte zur Berechnung der Transformatorimpedanzen sind die relative Kurzschlußspannungen und die Nennleistungen vorgesehen. Das Verhältnis der induktiven zur ohmschen

Komponente wird durch einen im Programm standardmäßig gesetzten, jedoch vom Benutzer variierbaren Faktor a berücksichtigt:

$$X_K = u_x \frac{U^2}{S_n} \tag{2.7.10}$$

$$R_K = u_r \frac{U^2}{S_n} \tag{2.7.11}$$

$$u_r = \frac{a}{10} u_x \tag{2.7.12}$$

$$u_x = u_k \frac{10}{\sqrt{100 + a^2}} \tag{2.7.13}$$

Die Programmschleife wird mit der Berechnung der Verlustleistung des Drehstromsystems abgeschlossen:

$$P_v = (I_1^2 \, \Sigma \, R_1 + I_2^2 \, \Sigma \, R_2) \cdot 3 \tag{2.7.14}$$

Die Zusammenfassung der Leitungsimpedanzen mit den zugehörigen Transformatorimpedanzen ist nur dann zulässig, wenn die Ströme I_1 und I_2 identisch mit den Transformatorströmen sind. Ist diese Voraussetzung nicht erfüllt, so ist es zweckmäßig, als Differenzspannung ΔU_T die Differenz der Sekundär-Sammelschienenspannungen zu wählen und dann bei den Impedanzen nur die Leitungsimpedanzen zu berücksichtigen (d.h. $u_{k1} = u_{k2} = 0$).

2.7.3 Programmbeschreibung „Zweibein-Einspeisung"

Das Programm (Tabelle 2.7.1) besteht aus einem Hauptprogramm mit der Startadresse Label A und aus vier Unterprogrammen mit den Einsprungadressen Label a für die komplexe Summenbildung, Label b bzw. Label d für die komplexe Quotientenbildung, Label c für die komplexe Produktbildung und Label e für die Formatierung der Anzeige bzw. des Ausdrucks. Nach dem Start erscheint zunächst der als Standardwert gesetzte Faktor $a = 2$ aus Gl. (2.7.12) in einer kurzen Pause. Nach Betätigung der R/S Taste kann dieser Standardwert durch die Eingabe eines beliebigen anderen Wertes ersetzt werden.

Der Phasenwinkel für die Differenzspannung wird in Programmzeile 093 standardmäßig auf 0° gesetzt. In der folgenden kurzen Pause kann dieser Wert jedoch z.B. für Schräg- oder Querregelung der Transformatoren beliebig verändert werden.

Ab Programmzeile 097 wird mit Label 1 eine Endlosschleife eröffnet, die mit der Rücksprunganweisung GTO 1 in Zeile 186 endet. In einer ersten langen Pause innerhalb dieser Schleife wird die aktuelle relative Differenzspannung als Prozentwert gemäß Gl. (2.7.2) angezeigt. Auch dieser Wert kann durch Eintastung eines beliebigen anderen Wertes nach Betrag (X-Register) und Phase (Y-Register) verändert werden.

Bei Änderungen ist darauf zu achten, daß die Reihenfolge der Werte im Stackregister erhalten bleibt. Soll nur der Betrag verändert werden, so ist vor Eingabe des Wertes die Taste R↓ oder $x \rightleftarrows y$ zu betätigen. Dadurch wird der aktuelle Phasenwinkel der Differenzspannung in das X-Register geholt. Nach Eingabe des neuen Betrages steht dieser dann im X-Register, und der Phasenwinkel im Y-Register. Nach Abschluß des entsprechenden Schleifendurchlaufes wird der Phasenwinkel wieder auf den Anfangswert zurückgesetzt.

Aus der Differenzspannung wird zunächst durch Aufruf des Unterprogramms d der Ausgleichsstrom $\underline{I}_A$ nach Gl. (2.7.5) in Polarkoordinaten errechnet und in dem Unterprogramm e mit Betrag und Phasenwinkel angezeigt.

Anschließend werden die Zweigströme $\underline{I}_1$ und $\underline{I}_2$ nach Gln. (2.7.4 bis 2.7.7) sowie der Spannungsabfall $\Delta\underline{u}$ nach Gln. (2.7.8, 2.7.9) errechnet und ebenfalls mit Betrag und Phasenwinkel angezeigt. Schließlich werden mit Hilfe der in den Speichern STO 8 und STO 9 abgespeicherten quadrierten Stromwerten gemäß Gl. (2.7.14) die gesamten Übertragungsverluste des Einspeisesystems ermittelt und angezeigt.

Bis zum Eintritt in die Programmschleife werden rd. 15 Sekunden Rechenzeit benötigt. Ein Schleifenzyklus wird einschließlich der 10 langen Pausen von je 5 Sekunden zur Anzeige der Ergebnisse in rd. 60 Sekunden durchlaufen.

2.7.4 Test- und Anwendungsbeispiel

Die Umspannanlage UA gemäß Bild 2.7.1 werde über eine 20 km lange 110 kV-Freileitung mit den Leitungsdaten $R_1 = 0{,}106\ \frac{\Omega}{km}$, $X_1 = 0{,}3815\ \frac{\Omega}{km}$ (110/20 kV Umspannung am Leitungsende) und eine gleich lange mit 20 kV betriebene Freileitung gleicher Leitungsdaten (110/20 kV Umspannung am Leitungsanfang) eingespeist. Die Nennleistung beider Transformatoren sei 20 MVA bei 8 % Kurzschlußspannung. Der Abnahmestrom betrage 250 A bei $\cos\varphi = 0{,}9$ induktiv.

Vor dem Programmstart sind folgende Eingaben zu tätigen:

$u_{k1} = 8\,\%$	⇒ 8	STO 0		$R_1 = R_1 \left(\frac{20}{110}\right)^2$	⇒ 0,07	STO A
$S_{n1} = 20$ MVA	⇒ 20	STO 1				
$u_{k2} = 8\,\%$	⇒ 8	STO 2		$X_1 = X_1 \left(\frac{20}{110}\right)^2$	⇒ 0,252	STO B
$S_{n2} = 20$ MVA	⇒ 20	STO 3				
$I = 250$ A	⇒ 250	STO 4		$R_2 = R_1$	⇒ 2,12	STO C
$\cos\varphi = 0{,}9$	⇒ 0,9	STO 5		$X_2 = X_1$	⇒ 7,63	STO D
				$U = 20$ kV	⇒ 20	STO E

Startwert für die Endlosschleife: $u_T = -20\,\% \Rightarrow -20$ STO I

Programmstart [A]:

Ergebnisse:

1. kurze Pause $a = 2$ (Wert durch Eingabe veränderbar)
2. kurze Pause $\varphi_T = 0°$ (Wert durch Eingabe veränderbar)

			1. Zyklus	2. Zyklus
3.	lange Pause bzw. Ausdruck:	u_T	= − 20 %	− 10 %
4.	lange Pause bzw. Ausdruck:	I_A	= − 168,62 A	− 84,31 A
5.	lange Pause bzw. Ausdruck:	φ_A	= − 75,46°	− 93,46°
6.	lange Pause bzw. Ausdruck:	I_1	= 109,75 A	87,38 A
7.	lange Pause bzw. Ausdruck:	φ_1	= 70,59°	16,25°
8.	lange Pause bzw. Ausdruck:	I_2	= 204,12 A	113,84 A
9.	lange Pause bzw. Ausdruck:	φ_2	= − 67,73°	− 74,75°
10.	lange Pause bzw. Ausdruck:	u	= 16,82 %	9,38 %
11.	lange Pause bzw. Ausdruck:	φ_u	= 7,45°	0,43°
12.	lange Pause bzw. Ausdruck:	P_v	= 340.480 W	117.608 W

Tabelle 2.7.1 Anweisungsliste „Zweibeinreinspeisung"

	Schritt	Anweisung	
Start	001	*LBLA	
	002	RCLE	
	003	X^2	
	004	ST06	
	005	ST07	
	006	RCL1	
	007	ST÷6	
	008	RCL3	
	009	ST÷7	
	010	EEX	
	011	1	
	012	ST08	
	013	2	
	014	PSE	⇔ a
	015	ST09	
	016	X^2	
	017	EEX	
	018	2	
	019	ST÷6	
	020	ST÷7	
	021	+	
	022	√X	
	023	ST÷8	
	024	ST÷9	
	025	RCL8	
	026	RCL0	
	027	×	
	028	RCL6	
	029	×	
	030	RCL9	
	031	RCL0	
	032	×	
	033	RCL6	
	034	×	
	035	RCL8	
	036	RCL2	
	037	×	
	038	RCL7	
	039	×	
	040	RCL2	
	041	ST×9	
	042	R↓	
	043	RCL7	
	044	ST×9	
	045	R↓	
	046	RCL9	
	047	P⇄S	
	048	ST02	
	049	R↓	
	050	ST03	
	051	R↓	
	052	ST00	
	053	R↓	
	054	ST01	
	055	RCLA	
	056	ST+0	
	057	RCLB	
	058	ST+1	
	059	RCLC	
	060	ST+2	
	061	RCLD	
	062	ST+3	
	063	RCL3	
	064	RCL2	
	065	RCL1	
	066	RCL0	
	067	GSBa	
	068	→P	
	069	ST04	
	070	X⇄Y	
	071	ST05	
	072	X⇄Y	
	073	RCL3	
	074	RCL2	
	075	→P	
	076	R↓	
	077	R↓	
	078	GSBb	
	079	P⇄S	
	080	RCL5	
	081	COS^{-1}	
	082	CHS	
	083	RCL4	
	084	P⇄S	
	085	GSBc	
	086	→R	
	087	ST06	
	088	ST08	
	089	R↓	
	090	ST07	
	091	ST09	
	092	P⇄S	
	093	0	
	094	PSE	⇔ φ_T
	095	ST07	
	096	RCLI	
	097	*LBL1	← ①
	098	DSP0	
	099	PSE	⇔ } u_T
	100	PRTX	⇒ } u_T
	101	SPC	
	102	STOI	
	103	RCL7	
	104	RCLI	
	105	DSP2	
	106	RCLE	
	107	×	
	108	1	
	109	0	
	110	×	
	111	P⇄S	
	112	RCL5	
	113	RCL4	
	114	P⇄S	
	115	GSBb	
	116	3	
	117	√X	
	118	÷	
	119	GSBe	⇒ {I_A, φ_A}
	120	P⇄S	
	121	→R	
	122	ST+8	
	123	R↓	
	124	ST+9	
	125	RCL9	
	126	RCL8	
	127	→P	
	128	P⇄S	
	129	ST08	
	130	ST×8	
	131	GSBe	⇒ {I_1, φ_1}
	132	→R	
	133	CHS	
	134	X⇄Y	
	135	CHS	
	136	X⇄Y	
	137	RCL5	
	138	COS^{-1}	
	139	CHS	
	140	RCL4	
	141	→R	
	142	GSBa	
	143	→P	
	144	ST09	
	145	ST×9	
	146	GSBe	⇒ {I_2, φ_2}
	147	P⇄S	
	148	RCL3	
	149	RCL2	
	150	→P	
	151	GSBc	
	152	ABS	
	153	RCLE	
	154	÷	
	155	1	
	156	0	
	157	÷	
	158	3	
	159	√X	
	160	×	
	161	P⇄S	
	162	GSBe	⇒ {U, φ_u}
	163	RCL9	
	164	RCL8	
	165	P⇄S	
	166	RCL0	
	167	×	
	168	X⇄Y	
	169	RCL2	
	170	×	
	171	+	
	172	3	
	173	×	
	174	DSP0	
	175	PRTX	⇒ P_v
	176	SPC	
	177	SPC	
	178	RCL6	
	179	ST08	
	180	RCL7	
	181	ST09	
	182	RCLI	
	183	2	①
	184	+	
	185	P⇄S	
	186	GT01	→ ①
𝔄 + 𝔅	187	*LBLa	
	188	X⇄Y	
	189	R↓	
	190	+	
	191	GT00	
𝔄 ÷ 𝔅	192	*LBLb	
	193	X⇄Y	
	194	R↓	
	195	÷	
	196	X⇄Y	
	197	R↑	
	198	−	
	199	X⇄Y	
	200	RTN	
𝔄 × 𝔅	201	*LBLc	
	202	X⇄Y	
	203	R↓	
	204	×	
	205	*LBL0	
	206	R↓	
	207	+	
	208	R↑	
	209	RTN	
Ausgabe	210	*LBLe	
	211	PRTX	⇒ Betrag
	212	X⇄Y	
	213	PRTX	⇒ Winkel
	214	SPC	
	215	X⇄Y	
	216	RTN	

Die Ergebnisse der Berechnung sind in den Bildern 2.7.4 bis 2.7.8 als Diagramme dargestellt. In Bild 2.7.9 ist zusätzlich das Zeigerdiagramm des Einspeisesystems zur Verdeutlichung der Rechnerergebnisse gezeichnet.

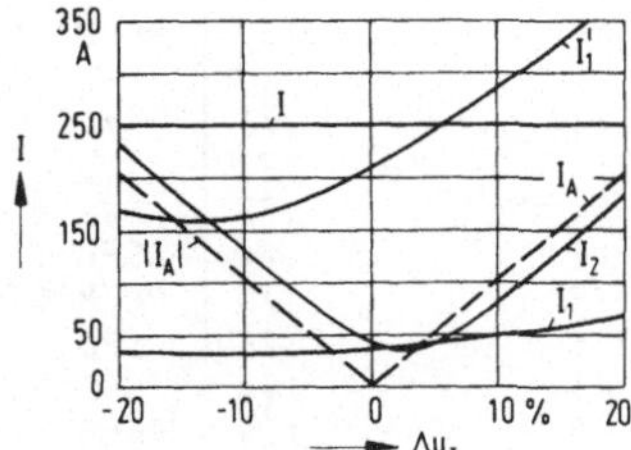

Bild 2.7.4 Stromverteilung einer Paralleleinspeisung

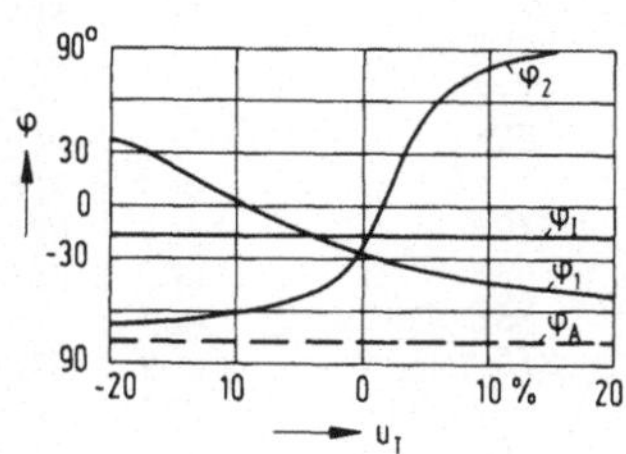

Bild 2.7.5 Phasenwinkel der Ströme

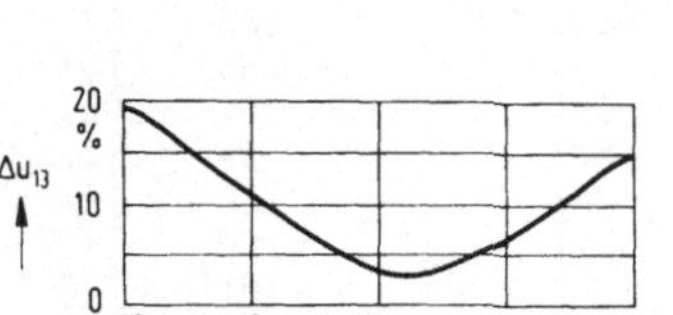

Bild 2.7.6 Spannungsabfall einer Paralleleinspeisung

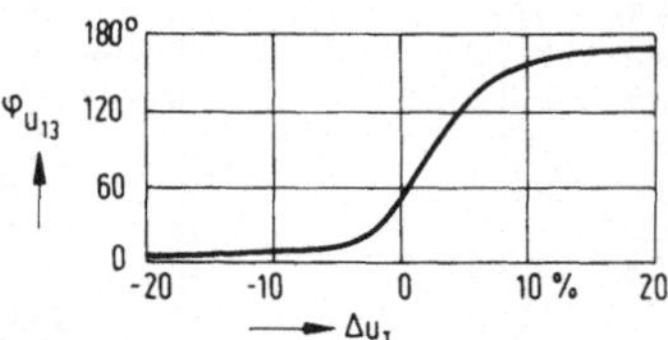

Bild 2.7.7 Phasenwinkel des Spannungsabfalls

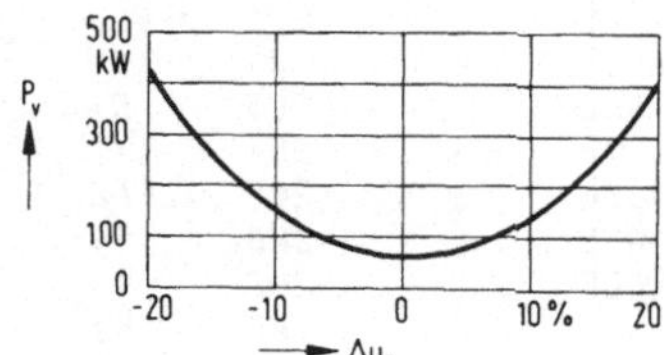

Bild 2.7.8 Verlustleistung einer Paralleleinspeisung

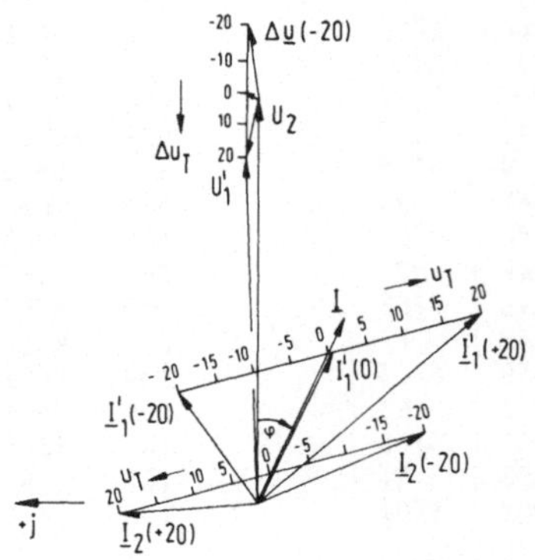

Bild 2.7.9 Zeigerdiagramm einer Paralleleinspeisung

2.8 Berechnung der Kurzschlußimpedanzen von Dreiwicklungs-Transformatoren

Bei Dreiwicklungs-Transformatoren werden die relativen Kurzschlußspannungen jeweils zwischen zwei Wicklungen ermittelt, während die dritte Wicklung im Leerlauf betrieben wird. Aus den Angaben der drei Kurzschlußspannungen u_{k12}, u_{k31}, u_{k23}, den zugehörigen Nennscheinleistungen S_{n12}, S_{n31}, S_{n23} und der gewählten Bezugsspannung U_n lassen sich die Kurzschlußimpedanzen der drei Wicklungen Z_1, Z_2, Z_3 als Strangwerte in Ohm je Leiter mit folgenden Gleichungen bestimmen [9]:

$$Z_1 = \left(\frac{u_{k12}}{S_{12}} + \frac{u_{k31}}{S_{31}} - \frac{u_{k23}}{S_{23}}\right) \frac{U_n^2}{2 \cdot 100} \qquad (2.8.1)$$

$$Z_2 = \left(\frac{u_{k23}}{S_{23}} + \frac{u_{k12}}{S_{12}} - \frac{u_{k31}}{S_{31}}\right) \frac{U_n^2}{2 \cdot 100} \qquad (2.8.2)$$

$$Z_3 = \left(\frac{u_{k31}}{S_{31}} + \frac{u_{k23}}{S_{23}} - \frac{u_{k12}}{S_{12}}\right) \frac{U_n^2}{2 \cdot 100} \qquad (2.8.3)$$

u_{k12} Kurzschlußspannung in %, bezogen auf S_{n12}
u_{k23} Kurzschlußspannung in %, bezogen auf S_{n23}
u_{k31} Kurzschlußspannung in %, bezogen auf S_{n31}
S_{n12}, S_{n23}, S_{n31} Nenndurchgangsleistungen des Transformators

Bild 2.8.1 Dreiwicklungs-Transformator
a) Schaltplan
b) Ersatzschaltplan mit Kurzschlußimpedanzen

2.8.1 Speicherplatzzuordnung

Speicherplatzzuordnung der Eingabedaten:

u_{k12} in % ⇒ STO 1 S_{n12} in MVA ⇒ STO 4
u_{k31} in % ⇒ STO 2 S_{n31} in MVA ⇒ STO 5
u_{k23} in % ⇒ STO 3 S_{n23} in MVA ⇒ STO 6
U_n in kV ⇒ STO A

Speicherplatzzuordnung der Ergebnisdaten:

Z_1 in Ohm ⇒ STO B
Z_2 in Ohm ⇒ STO C
Z_3 in Ohm ⇒ STO D

Das Programm (Tabelle 2.8.1) wird über die Startadresse Label A aufgerufen.

Tabelle 2.8.1
Anweisungsliste „Kurzschlußimpedanz von Dreiwickler"

Start	001	*LBLA			026	+	
	002	RCLA			027	RCL2	
	003	X²			028	RCL5	
	004	2			029	GSB0	⇒ Z_2
	005	EEX			030	STOC	
	006	2			031	RCL2	
	007	÷			032	RCL5	
	008	STO0			033	÷	
	009	RCL1			034	RCL3	
	010	RCL4			035	RCL6	
	011	÷			036	÷	
	012	RCL2			037	+	
	013	RCL5			038	RCL1	
	014	÷			039	RCL4	
	015	+			040	GSB0	⇒ Z_3
	016	RCL3			041	STOD	
	017	RCL6			042	R/S	
	018	GSB0	⇒ Z_1	UP	043	*LBL0	
	019	STOB			044	÷	
	020	RCL3			045	-	
	021	RCL6			046	RCL0	
	022	÷			047	x	
	023	RCL1			048	PRTX	⇒ Z_ν
	024	RCL4			049	RTN	
	025	÷			050	R/S	

2.8.2 Test- und Anwendungsbeispiel

Von einem Dreiwicklungs-Transformator mit den Daten S_{n12} = 40 MVA, S_{n31} = 30 MVA, S_{n23} = 30 MVA, u_{k12} = 12,5 %, u_{k31} = 11,5 %, u_{k23} = 7,7 %, U_n = 110 kV

Start: [A]

Ergebnisse: Z_1 = 26,57 Ω
Z_2 = 11,24 Ω
Z_3 = 19,81 Ω

Rechenzeit rd. 5 Sekunden

2.9 Kurzschlußstromberechnung

2.9.1 Vorbemerkung

Eine aufgrund des stetigen Netzausbaus immer wiederkehrende Aufgabe im EVU-Bereich ist die Berechnung der Kurzschlußbeanspruchung von Anlageteilen. Wegen der Systematik dieser Berechnungen über mehrere Spannungsebenen hinweg läßt sich bei programmiertem Ablauf der formalen Rechenschritte bereits mit einem programmierbaren Taschen- oder Tischrechner die Bearbeitung auf die Eingabe der technisch vorgegebenen Netzdaten beschränken. Die analytische Formulierung der Beeinflussung durch den abklingenden Gleichanteil erübrigt ein Nachschlagen netzdatenabhängiger Kennziffern wie die Stoßziffer $\kappa = f(\frac{R}{X})$ oder der thermische Mittelwertfaktor $m = f(\kappa, T_k)$. Es wird ein Programm angegeben, mit dem ausgehend von einer Netzeinspeisung mit dem Anschlußpunkt Q dem Anwender weitgehende Freiheiten im Aufbau der Kurzschlußbahn verbleiben.

2.9.2 Berechnungsgrundlagen

Aufgabe der Kurzschlußstromberechnung ist es, die dynamischen und thermischen Beanspruchungsdaten der Betriebsmittel im Planungsstadium festzulegen oder im Netzbetrieb nachzuweisen. Bei generatorfernen Kurzschlußpunkten, wie sie im EVU-Bereich bei den Energieverteilungsnetzen im allgemeinen vorliegen und im weiteren hier behandelt werden, ist als Abklingkomponente lediglich das vom Schaltzeitpunkt abhängige Gleichstromglied zu berücksichtigen.

Der Kurzschlußwechselstrom ist daher während der gesamten Kurzschlußdauer T_k nahezu konstant ($I''_k = I_a = I_k$).

Für den Anfangskurzschlußwechselstrom I''_k gilt:

$$I''_k = \frac{1{,}1\, U_N}{\sqrt{3}\, Z_k} \qquad (2.9.1)$$

mit: $$Z_k = \sqrt{(\Sigma R_k)^2 + (\Sigma X_k)^2} \qquad (2.9.2)$$

Für die programmierte Kurzschlußstromberechnung wird der symmetrische dreipolige Kurzschluß bei einfacher Speisung des Netzes zugrunde gelegt. Die Impedanz der Netzeinspeisung wird aus der gegebenen Anfangs-Kurzschlußwechselstromleistung S''_{kQ} des vorgelagerten Netzes berechnet:

$$Z_Q = \frac{1{,}1\, U_N^2}{S''_{kQ}} \qquad (2.9.3)$$

Für die ohmsche Komponente der Netzeinspeisung wird gemäß VDE 0102 Teil 2/5 gesetzt:

$$X_Q = 0{,}995\, Z_Q \qquad (2.9.4)$$

$$R_Q = 0{,}1\, X_Q \qquad (2.9.5)$$

Für die Impedanzen der Transformatoren wird gesetzt:

$$X_T = 0{,}995\, \frac{u_k}{100\,\%}\, \frac{U_N^2}{S_{NT}} \qquad (2.9.6)$$

$$R_T = 0{,}1\, X_T \qquad (2.9.7)$$

Die Leitungsimpedanzen werden auf die gewählte Bezugsspannung U_N umgerechnet:

$$X_{LN} = X_L \left(\frac{U_N}{U}\right)^2 \qquad (2.9.8)$$

$$R_{LN} = R_L \left(\frac{U_N}{U}\right)^2 \qquad (2.9.9)$$

Mit der Stoßziffer κ und dem Anfangskurzschlußwechselstrom nach Gl. (2.9.1) wird der Stoßkurzschlußstrom berechnet:

$$I_s = \kappa \sqrt{2}\, I''_k \qquad (2.9.10)$$

Für die Stoßziffer κ gilt die analytische Näherungsgleichung [10]:

$$\kappa = 1{,}022 + 0{,}96899\, e^{-3{,}0301\, R/X} \qquad (2.9.11)$$

Die Kurzschlußleistung ergibt sich zu:

$$S''_k = \sqrt{3}\, I''_k\, U_N \qquad (2.9.12)$$

Zur Beurteilung der thermischen Belastung der Betriebsmittel vom Eintrittszeitpunkt des Kurzschlusses bis zur Abschaltung nach der Zeit T_k dient der thermisch wirksame Mittelwert I_{th} des Kurzschlußstromes. Dieser ist gleich dem Effektivwert des Stromes i_k über die Kurzschlußdauer T_k:

$$I_{th} = \sqrt{\frac{1}{T_k} \int_0^{T_k} i_k^2(t)\, dt} \tag{2.9.13}$$

Das Ergebnis aus Gl. (2.9.13) kann quantitativ den in VDE 0103 [11] angegebenen Kennlinien für die Beeinflussung des Kurzschlußstromes durch das Gleichstromglied $m = f(\kappa, T_k)$ entnommen werden:

$$I_{th} = I_k'' \sqrt{m+1} \tag{2.9.14}$$

Anstelle der Kennlinien für den Faktor m kann als Ergebnis einer Regressionsanalyse, für die in Band 1 dieser Reihe Programme angegeben sind, folgende analytische Näherungsbeziehung für den Einfluß des Gleichstromgliedes auf den Strom I_{th} bei programmierten Berechnungen angewandt werden:

$$m = \frac{\kappa^2}{2}\, e^{-\frac{x^2}{\kappa - 0{,}6}} \tag{2.9.15}$$

mit:

$$x = 2 + \lg \frac{T_k}{1\,s} \tag{2.9.16}$$

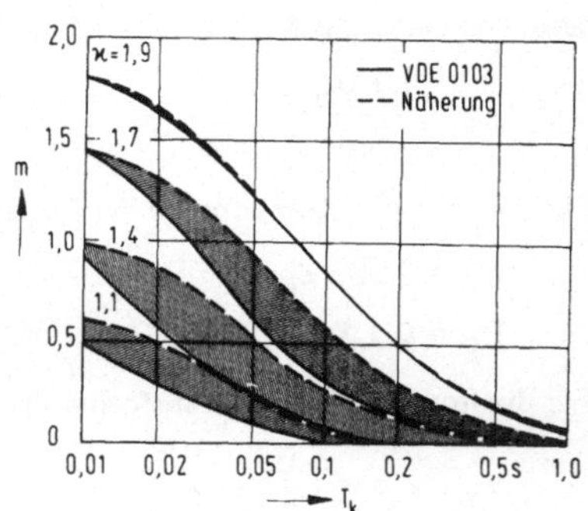

Bild 2.9.1 Kennlinien für den Faktor m zur Berechnung der Wärmewirkung des abklingenden Gleichstromgliedes

In Bild 2.9.1 sind die Kennlinien für den Faktor m aus VDE 0103 und als Ergebnis der Gln. (2.9.15 u. 2.9.16) dargestellt. Eine Fehlerbetrachtung für den Faktor m liefert aus Gl. (2.9.14) einen Stromfehler ΔI_{th} zu:

$$\Delta I_{th} = I_k'' \frac{\Delta m}{2\sqrt{m+1}} \approx I_k'' \frac{\Delta m}{3}, \tag{2.9.17}$$

d.h. Näherungsfehler in der analytischen Beschreibung des Faktors m gehen im thermisch wirksamen Kurzzeitstrom nur mit rd. 1/3 ein. Daher liegt der maximale Stromfehler bei Anwendung der Gln. (2.9.15 u. 2.9.16) zwischen 0 und + 10 %, jedoch stets auf der sicheren Seite.

2.9.3 Struktur des Programms

Die Anpassung der programmierten Kurzschlußberechnung an beliebige Netzkonstellationen entlang der Einspeisebahn erfordert fünf Startpunkte für folgende Rechnungsvarianten:

Start A: Berechnung der Impedanzen des speisenden Netzes aus U_N und S_{kQ}'' nach Gln. (2.9.3 bis 2.9.5)

Start B: Berechnung der Impedanzen der Netztransformatoren aus S_{NT} und u_k nach Gln. (2.9.6 u. 2.9.7)

Start C: Berechnung der bezogenen Leitungsimpedanzen aus X_L und R_L nach Gln. (2.9.8 u. 2.9.9) ggf. mehrmaligem Aufruf der Variante C werden die Eingaben aufaddiert (Reihenschaltung).

Start D: Berechnung des komplexen Ersatzwiderstandes einer weiteren parallelen Leitung.

Start E: Berechnung folgender Kurzschlußdaten:

Stoßkurzschlußstrom I_s
Anfangs-Kurzschlußwechselstrom I_k''
Anfangs-Kurzschlußleistung S_k''
Thermisch wirksamer Kurzzeitstrom I_{th}

Die Aufrufe B, C und D können je nach Netzkonstellation beliebig oft wiederholt werden. Nach jedem dieser Aufrufe können die Kurzschlußdaten an dem betreffenden Netzpunkt durch den Ergebnisaufruf E ausgegeben werden, ohne den folgenden Rechnungsgang zu beeinflussen.

Die in STO C gespeicherte Kurzschlußdauer T_k kann bei jedem Ergebnisaufruf im Anschluß an eine kurze Pause mit Anzeige des aktuellen Wertes aus STO C beliebig verändert werden. Für die weiteren Berechnungen des thermisch wirksamen Kurzzeitstromes I_{th} wird die zuletzt in STO C eingegebene Kurzschlußdauer angesetzt.

2.9.4 Programmbeschreibung „Kurzschlußstromberechnung"

Vor dem Start des Programms nach Tabelle 2.9.1 durch Betätigung der Taste A muß die gewählte Bezugsspannung U_N in STO A abgespeichert werden. Die Anfangs-Kurzschlußwechselstromleistung S_k'' kann in STO B und die Kurzschlußdauer T_K in STO C abgespeichert werden. Falls nach dem Start in STO B noch der Wert null abgespeichert ist, wird durch die Anweisungen in den Programmzeilen 005 bis 009 als Standardwert $S_{KQ}'' = 35$ GVA in STO B abgespeichert. Falls in STO C der Wert null abgespeichert ist, wird in den Zeilen 198 bis 202 programmgemäß $T_k = 0{,}15$ s gesetzt und nach STO C abgespeichert.

Die nach Gln. (2.9.3 u. 2.9.4) in den Zeilen 011 bis 025 errechneten Netz-Ersatzreaktanz X_Q wird durch die Anweisung in Zeile 026 nach STO 2 abgespeichert. Als Ersatzresistanz wird 10 % der Netzreaktanz gesetzt und in Zeile 030 nach STO 1 abgespeichert. Die Speicher STO 3 und STO 4 werden anschließend null gesetzt. Sie dienen später der Zwischenspeicherung von Leitungsimpedanzen. Mit den Anweisungen 034 bis 036 wird die Hilfsgröße $1{,}1\,U\sqrt{3}$ in STO 6 gebildet. Das Programm hält bei Zeile 038 mit der Anzeige der in STO A vorgegebenen Bezugsspannung an. Je nach dem in der Kurzschlußbahn folgendem Netzelement, Transformator oder Leitung, wird das Programm ab Label B oder Label C fortgesetzt.

Folgt als nächstes Netzelement ein Transformator, so kann als erste Eingabe die Sekundärspannung als neue Bezugsspannung für die weitere Rechnung eingegeben werden. Andernfalls wird die bisherige Bezugsspannung beibehalten. In jedem Fall muß die Nennleistung S_{NT} des Transformators und durch ENTER abgetrennt, seine Kurzschlußspannung u_k in Prozent eingegeben werden.

Hiernach wird durch Betätigung der Starttaste B die Berechnung der Kurzschlußimpedanz des Transformators ab Programmzeile 039 gestartet. In Zeile 043 wird das Unterprogramm Label 4 in den Zeilen 165 bis 174 aufgerufen. Dieses Unterprogramm dient zur Aufsummierung der in den Speichern STO 3, STO 4 abgelegten ohmschen und induktiven Leistungswiderstände.

Tabelle 2.9.1 Anweisungsliste „Kurzschlußstromberechnung“

Start	001	*LBLA	
	002	RCLB	
	003	X≠0?	
	004	GTO0	
	005	3	
	006	5	
	007	EEX	
	008	3	
	009	STOB	
	010	*LBL0	
	011	RCLA	
	012	STO0	
	013	STO6	
	014	X^2	
	015	RCLB	
	016	÷	
	017	1	
	018	.	
	019	1	
	020	ST×6	
	021	×	
	022	.	
	023	5	
	024	%	
	025	-	
	026	STO2	
	027	1	
	028	6	
	029	÷	
	030	STO1	
	031	0	
	032	STO3	
	033	STO4	
	034	3	
	035	√X	
	036	ST÷6	
	037	RCLA	
	038	R/S	
Trafo	039	*LBLB	
	040	X⇄Y	
	041	÷	
	042	STO9	
	043	GSB4	
	044	R↓	
	045	GSB3	
	046	RCL9	
	047	RCL0	
	048	X^2	
	049	EEX	
	050	2	
	051	÷	
	052	×	
	053	.	
	054	5	
	055	%	
	056	-	
	057	ST+2	
	058	1	
	059	0	
	060	÷	
	061	ST+1	
	062	RCL0	
	063	R/S	
Leitung	064	*LBLC	
	065	GSB1	
	066	ST+4	
	067	RCL7	
	068	ST+3	
	069	RCL0	
	070	R/S	
parallel	071	*LBLD	
	072	GSB1	
	073	RCL7	
	074	→P	
	075	1/X	
	076	→R	
	077	RCL4	
	078	RCL3	
	079	→P	
	080	1/X	
	081	→R	
	082	X⇄Y	
	083	R↓	
	084	+	
	085	R↓	
	086	+	
	087	R↑	
	088	→P	
	089	1/X	
	090	→R	
	091	STO3	
	092	X⇄Y	
	093	STO4	
	094	RCL0	
	095	R/S	
Ergebnis	096	*LBLE	
	097	GSB4	
	098	RCL2	
	099	RCL1	
	100	→P	
	101	RCL6	
	102	X⇄Y	
	103	÷	
	104	STO9	
	105	RCL1	
	106	RCL2	
	107	÷	
	108	GSBa	
	109	STO5	
	110	RCL9	
	111	×	
	112	2	
	113	√X	
	114	×	
	115	SPC	
	116	PRTX	⇒ I_s
	117	SPC	
	118	RCL9	
	119	PRTX	⇒ I''_K
	120	STO9	
	121	GSB2	
	122	GSBb	
	123	RCL9	
	124	×	
	125	PRTX	⇒ I_{th}
	126	RCL0	
	127	SPC	
	128	SPC	
	129	R/S	⇒ U
	130	GSB3	
	131	GTOE	
UP	132	*LBL1	
	133	STO7	
	134	R↓	
	135	STO8	
	136	R↓	
	137	RCLA	
	138	÷	
	139	X^2	
	140	ST÷7	
	141	ST÷8	
	142	RCL8	
	143	RTN	
UP	144	*LBL2	
	145	RCLA	
	146	×	
	147	3	
	148	√X	
	149	×	
	150	PRTX	⇒ S''_K
	151	SPC	
	152	RTN	
UP	153	*LBL3	
	154	STO0	
	155	ST×6	
	156	RCLA	
	157	ST÷6	
	158	RCL0	
	159	STOA	
	160	÷	
	161	X^2	
	162	ST÷1	
	163	ST÷2	
	164	RTN	
UP	165	*LBL4	
	166	RCL3	
	167	ST+1	
	168	RCL4	
	169	ST+2	
	170	R↑	
	171	0	
	172	STO3	
	173	STO4	
	174	RTN	
UP	175	*LBLa	
	176	3	
	177	.	
	178	0	
	179	3	
	180	×	
	181	CHS	
	182	e^x	
	183	.	
	184	9	
	185	7	
	186	×	
	187	1	
	188	.	
	189	0	
	190	2	
	191	+	
	192	RTN	→ $\varkappa$
UP	193	*LBLb	
	194	RCLC	
	195	DSP2	
	196	PSE	⇔ T_K
	197	DSP0	
	198	X>0?	
	199	GTO0	
	200	.	
	201	1	
	202	5	
	203	*LBL0	
	204	STOC	
	205	LOG	
	206	2	
	207	+	
	208	X^2	
	209	RCL5	
	210	.	
	211	6	
	212	-	
	213	÷	
	214	CHS	
	215	e^x	
	216	RCL5	
	217	X^2	
	218	×	
	219	2	
	220	÷	
	221	1	
	222	+	
	223	√X	
	224	RTN	→ $\sqrt{m+1}$

Mit dem Aufruf des Unterprogramms Label 3 in Zeile 045 wird die Umrechnung der schon vorher berechneten Kurzschlußimpedanz auf die ggfs. neue Bezugsspannung vorgenommen. In den Zeilen 046 bis 056 wird die Kurzschlußreaktanz gemäß Gl. (2.9.6) berechnet und mit Hilfe der Registerarithmetik in Programmzeile 057 dem Inhalt des Speichers 2 hinzuaddiert. Anschließend wird zehn Prozent dieses Reaktanzwertes als Resistanzwert dem Inhalt von Speicher 1 hinzuaddiert. Dieser Programmteil hält wiederum mit Anzeige der aktuellen Bezugsspannung an.

Ist als nächstes Netzelement eine Leitung zu berücksichtigen, so kann wiederum als erste Eingabe die Bezugsspannung eingegeben werden, auf der die nachfolgenden Reaktanz- und Resistanzwerte bezogen sind. Im allgemeinen wird dies die Nennspannung der Leitung sein. Falls diese in der Anzeige schon angezeigt wird, kann die Eingabe der Spannung unterbleiben.

In jedem Fall müssen die Reaktanz X_L und die Resistanz R_L der Leitung in Ohm durch ENTER abgetrennt, eingegeben werden. Durch Betätigung der Starttaste C in Zeile 064 wird die Zuweisung der eingegebenen Impedanzwerte zu der schon vorliegenden Kurzschlußimpedanz vorgenommen. Zunächst wird in Zeile 065 das Unterprogramm Label 1 aufgerufen, mit dem die Eingabewerte auf die aktuelle Bezugsspannung bezogen und den Hilfsspeichern STO 7 und STO 8 zugeordnet werden. In den Programmzeilen 066 bis 068 werden die Inhalte der Hilfsspeicher STO 8, STO 7 mit Hilfe der Registerarithmetik den Speichern STO 4 und STO 3 aufaddiert. Dadurch kann die Reihenschaltung mehrerer Leitungen einfach durch wiederholtem Aufruf der Starttaste C bearbeitet werden. Die Impedanzwerte der Leitung werden zunächst noch nicht den in STO 1, STO 2 abgelegten Impedanzwerten der Kurzschlußbahn zugeschlagen, um die Berechnung beliebiger Parallelschaltungen noch vornehmen zu können.

Die Berechnung parallel liegender Leitungen wird durch Betätigung der Starttaste D in Zeile 071 eingeleitet. Die vorherige Dateneingabe entspricht derjenigen vor Betätigung der Starttaste C. In dem Programmteil D werden die in den Speichern STO 7, STO 8 abgespeicherten neuen Impedanzwerte mit den schon in STO 4, STO 5 abgespeicherten Impedanzwerten als Parallelschaltung komplexer Widerstände behandelt. Das Ergebnis wird in den Zeilen 091 bis 093 wieder in den Speichern STO 3 für die Resistanz und STO 4 für die Reaktanz abgespeichert. Durch mehrmaliges Aufrufen des Programmteils D können somit beliebig viele Parallelleitungen in der Kurzschlußbahn berücksichtigt werden. Die abschließende Zuordnung zu den Speichern STO 1, STO 2 erfolgt erst nach Aufruf der Programmteile Label E zur Bildung der Ergebnisse in Zeile 096 oder Label B zur Berücksichtigung einer weiteren Umspannerebene.

Die Ergebnisrechnung kann durch Betätigung der Starttaste E nach jedem Programmstop an jeder beliebigen Stelle der Kurzschlußbahn abgerufen werden. Hierzu wird in Programmzeile 100 der Betrag der Kurzschlußimpedanz Z_k gebildet. In den Zeilen 101 bis 103 wird nach Gl. (2.9.1) der Anfangs-Kurzschlußwechselstrom berechnet und in STO 9 abgespeichert. In Zeile 107 wird das Verhältnis R/X für den Einsprung in das Unterprogramm Label a zur Verfügung gestellt. In dem Unterprogramm Label a wird die Stoßziffer κ gemäß Gl. (2.9.11) berechnet und nach dem Rücksprung in das rufende Programm nach STO 5 abgespeichert. Dieses Unterprogramm kann auch als eigenständiges Hauptprogramm zur Berechnung der Stoßziffer κ benutzt werden. Hierbei ist vor Betätigung der Starttaste a das Verhältnis R/X über die Tastatur einzugeben.

Der nach Gl. (2.9.10) berechnete Stoßkurzschlußstrom wird in Zeile 116 und der Kurzschlußwechselstrom in Zeile 119 in einer langen Pause angezeigt bzw. ausgedruckt. In dem Unterprogramm Label 2 wird die Kurzschlußleistung berechnet und in Zeile 150 ausgegeben. In Zeile 193 wird das Unterprogramm Label b zur Berechnung des Einflusses des Gleichstromgliedes gemäß Gl. (2.9.15) aufgerufen. Im Anschluß an die Pausenanweisung in Zeile 196 wird der im X-Register vorliegende Wert, falls er größer Null ist, als neue Kurzschlußdauer T_k in Zeile 204 nach STO C abgespeichert. Der bis zur Kurzschlußdauer T_k thermisch wirksame Kurzzeitstrom I_{th} wird in Zeile 125 ausgegeben.

Falls nach dem Ausdruck der Ergebnisse für den weiteren Rechnungsablauf die im Anzeigeregister angezeigte aktuelle Bezugsspannung verändert werden soll, so kann dies durch Eingabe der neuen Bezugsspannung und anschließender Betätigung der R/S-Taste bewirkt werden. Hiernach wird außerdem ein neuer Ergebnisausdruck, bezogen auf die neue aktuelle Spannung, erzeugt. Falls die Näherungsrechnung für die Transformatorimpedanz gemäß Gln. (2.9.6 u. 2.9.7) zu ungenau erscheint, kann durch Eingabe der exakten Kurzschlußimpedanz X_T und R_T und anschließender Betätigung der Taste C der Transformator als Leitungselement behandelt werden.

Die entsprechende Spannung kann für diese Variante im Anschluß an eine Ergebnisausgabe neu gewählt werden.

Die möglichen Ablaufvarianten des Programms sind in Bild 2.9.2 dargestellt.

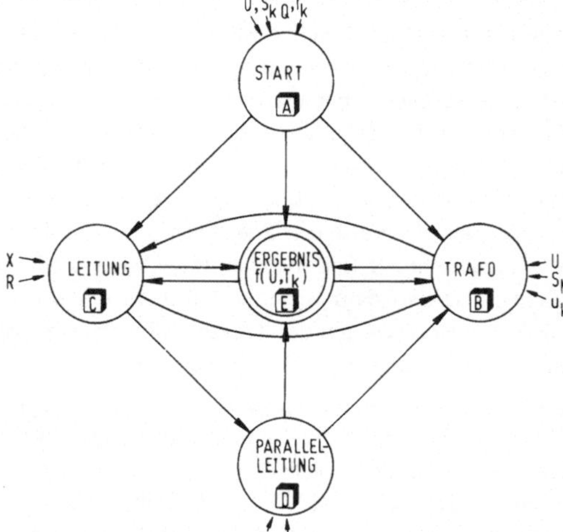

Bild 2.9.2
Mögliche Ablaufvarianten einer programmierten Kurzschlußstromberechnung

2.9.5 Test- und Anwendungsbeispiel

Ausgehend von einer 380 kV Umspannanlage mit 35 GVA Kurzschlußleistung soll der Abbau der Kurzschlußleistung über die 380/110 kV Umspannung einer 110 kV Doppelleitung mit einer dritten, über weitere Stationen parallel geführte Leitung, einer 110/20 kV Umspannung und einer 20 kV Leitung berechnet werden. Die hierzu erforderlichen Eingaben und die Ergebnisdaten sind in der Tabelle 2.9.2 mit dem Übersichtsplan des betrachteten Netzes angegeben.

Die Bearbeitungszeit für das nachstehende Beispiel beträgt rd. 5 Minuten.

2.10 Induktive Beeinflussung parallel geführter Hochspannungsleitungen

2.10.1 Allgemeines

Parallel geführte Hochspannungsleitungen bilden ein induktiv gekoppeltes System, das gegenseitige Beeinflussungsspannungen zur Folge hat. Diese induzierten Spannungen können bei nur einseitig geerdeten Systemen an den offenen Leitungsenden zu gefährlichen Fehlerspannungen führen. Um eine Gefährdung bei Arbeiten an Hochspannungsleitungen auszuschließen, ist daher eine zweiseitige Erdung erforderlich. Bei zweiseitiger Erdung fließt in der über die beiden Erdungen gebildeten Leiterschleife ein Ausgleichsstrom, dessen Höhe von dem ohmschen und induktiven Widerstands-

Tabelle 2.9.2 Ablaufstruktur einer programmierten Kurzschlußstromberechnung

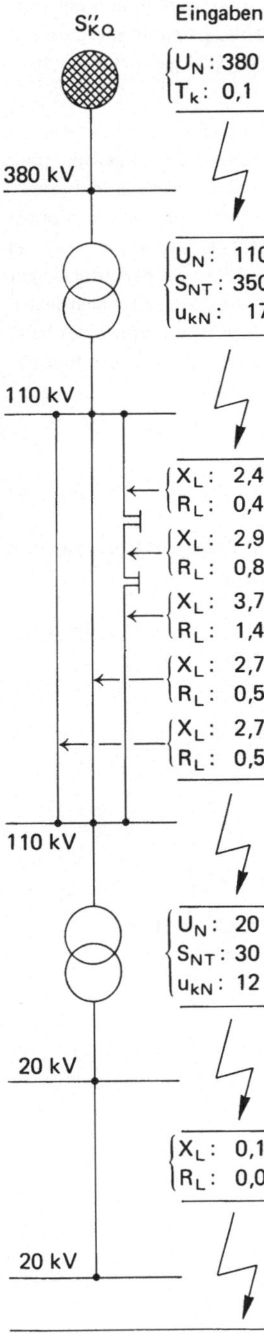

	Eingaben	Startbefehle	Anzeige	Ergebnisse
S''_{KQ}	U_N: 380 STO A T_k: 0,1 STO C	[A]	380	
380 kV		[E]		I_s = 131 kA I''_k = 53 kA S''_k = 35001 MVA I_{th} = 68 kA
	U_N: 110 ENTER S_{NT}: 350 ENTER u_{kN}: 17	[B]	110	
110 kV		[E]		I_s = 27 kA I''_k = 11 kA S''_k = 2127 MVA I_{th} = 14 kA
	X_L: 2,47 ENTER R_L: 0,47	[C]	110	
	X_L: 2,92 ENTER R_L: 0,88	[C]	110	
	X_L: 3,77 ENTER R_L: 1,45	[C]	110	
	X_L: 2,72 ENTER R_L: 0,51	[D]	110	
	X_L: 2,72 ENTER R_L: 0,51	[D]	110	
110 kV		[E]		I_s = 23 kA I''_k = 9 kA S''_k = 1784 MVA I_{th} = 12 kA
	U_N: 20 ENTER S_{NT}: 30 ENTER u_{kN}: 12	[B]	20	
20 kV		[E]		I_s = 17 kA I''_k = 7 kA S''_k = 238 MVA I_{th} = 9 kA
	X_L: 0,15 ENTER R_L: 0,07	[C]	20	
20 kV		[E]		I_s = 15 kA I''_k = 6 kA S''_k = 220 MVA I_{th} = 8 kA

anteilen der Schleife abhängig ist. Zur Beurteilung des Gefährdungspotentials bei unsymmetrischer Widerstandsverteilung innerhalb der Leiterschleife ist die Kenntnis der induzierten Spannung bei nur einseitiger Erdung des beeinflußten Leitungsabschnittes wichtig. Die induzierte Spannung läßt sich mit Hilfe der Flußkoeffizienten bestimmen [8]. Durch Anwendung eines programmierbaren Taschen- oder Tischrechners kann die Beeinflussungsberechnung in Luft parallel geführter Hochspannungsleitungen in rationeller Weise bewältigt werden.

Die induzierte Spannung könnte theoretisch als Maximalwert der Berührungsspannung bei zweiseitiger Erdung in der Nähe einer der beiden Erdungsstellen auftreten, wenn der Erdungswiderstand sehr groß gegenüber allen übrigen Widerständen der Beeinflussungsschleife wäre. Falls jedoch, wie in der Praxis zu erwarten ist, die beidseitigen Erdungswiderstände der betrachteten Beeinflussungsschleife klein sind gegenüber der übrigen Schleifenimpedanz, ist bei beidseitiger Erdung entlang des gesamten Beeinflussungsabschnittes die Spannung zwischen der Leitung und einem darunter liegenden Erdpunkt gleich null. Umfaßt die Beeinflussung nur einen Teilbereich des beidseitig geerdeten Leitungsabschnittes (z.B. Abzweig der Parallelführung oder Erdschlußfußpunkt innerhalb des beidseitig geerdeten Leitungsabschnittes), so kann sich wiederum eine Fehlerspannung bis zum halben Wert der Beeinflussungsspannung bei einseitiger Erdung einstellen.

2.10.2 Berechnungsgrundlagen

Für die im Leiter k induzierte Spannung U_{kE} gegen Erde (Bild 2.10.1) gilt unter der Voraussetzung symmetrischer Belastung des beeinflussenden Systems ($\underline{I}_1 + \underline{I}_2 + \underline{I}_3 = 0$):

$$U_{kE} = -j\omega \frac{\mu_0 s}{2\pi} \left(\underline{I}_1 \ln \frac{D_{k3'}}{D_{k1'}} + \underline{I}_2 \ln \frac{D_{k3'}}{D_{k2'}} \right) \tag{2.10.1}$$

Hierin bedeuten

- ω Kreisfrequenz
- μ_0 Influenzkonstante $\mu_0 = 0{,}4\,\pi\,10^{-3}\,\frac{V\,s}{A\,km}$
- s Beeinflussungslänge
- $\underline{I}_1$ Beeinflussungsstrom im Leiter 1'
- $\underline{I}_2$ Beeinflussungsstrom im Leiter 2'
- $D_{k\nu'}$ Abstand des Leiters k zu dem Leiter ν' des beeinflussenden Systems

Durch Einführung des Betrages für den beeinflussenden Strom $I = |\underline{I}_1| = |\underline{I}_2| = |\underline{I}_3|$ gilt:

$$U_{kE} = -j\,f\,\mu_0\,s\,I\,(e^{j\varphi_1}\,a_k + e^{j\varphi_2}\,b_k) \tag{2.10.2}$$

mit:

$$a_k = \ln \frac{D_{k3'}}{D_{k1'}} = \ln \frac{\{STO\ 3k\}}{\{STO\ 3k-2\}} \tag{2.10.3}$$

$$b_k = \ln \frac{D_{k3'}}{D_{k2'}} = \ln \frac{\{STO\ 3k\}}{\{STO\ 3k-1\}} \tag{2.10.4}$$

$k = 1, 2, 3$

In kartesischen Koordinaten folgt für Gl. (2.10.2)

$$U_{kE} = f\mu_0\,s\,I\,[a_k \sin\varphi_1 + b_k \sin\varphi_2 - j\,(a_k \cos\varphi_1 + b_k \cos\varphi_2]\tag{2.10.5}$$

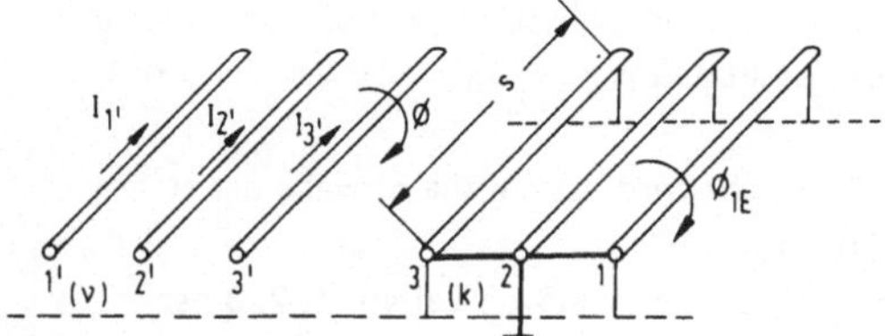

Bild 2.10.1
Beeinflussung einer Parallelführung mit einseitiger Erdung

Für den allgemeinen Fall der unsymmetrischen Belastung des beeinflussenden Systems gilt:

$$\underline{U}_{kE} = -j\omega \frac{\mu_0 s}{2\pi} \left(\underline{I}_1 \ln \frac{\delta}{D_{k1'}} + \underline{I}_2 \ln \frac{\delta}{D_{k2'}} + \underline{I}_3 \ln \frac{\delta}{D_{k3'}} \right) \tag{2.10.6}$$

mit den Ersatzabstand δ zu dem fiktiven Erd-Rückleiter:

$$\delta = 1{,}85 \sqrt{\frac{\rho}{\omega \mu_0}} \tag{2.10.7}$$

Für den Sonderfall, daß nur der Leiter ν' Strom führt (Erdschluß des unbelasteten Systems), gilt mit $\underline{I}_{\nu'} = -\underline{I}_E$

$$\underline{U}_{kE} = j f \mu_0 s \underline{I}_E \ln \frac{\delta}{D_{k\nu'}} \tag{2.10.8}$$

$$U_{kE} = |\underline{U}_{kE}| = f \mu_0 s I_E \ln \frac{\delta}{D_{k\nu'}} \tag{2.10.9}$$

$$a_{k\nu'} = \ln \frac{\delta}{D_{k\nu'}} = \ln \frac{\{\text{STO } 0\}}{\{\text{STO } 3(k-1)+\nu\}} \tag{2.10.10}$$

$k = 1, 2, 3 \qquad \nu' = 1', 2', 3'$

2.10.3 Programmstruktur

Zur Berechnung der induzierten Spannung aufgrund symmetrischer Belastung in den beeinflussenden Systemen gemäß den Gln. (2.10.1 bis 2.10.5) ist die Startadresse Label A in Zeile 014 vorgesehen. Hierzu sind folgende Eingabewerte bereitzustellen:

Phasenwinkel φ_1 des Stromes auf der Leitung 1'	in STO A
Phasenwinkel φ_2 des Stromes auf der Leitung 2'	in STO B
Betrag des Stromes I auf dem beeinflussenden System [A]	in STO C
Länge der Beeinflussungsstrecke s [km]	in STO D

Die Abstände zwischen den Leitern des beeinflußten Systems 1, 2, 3 und des beeinflussenden Systems 1', 2', 3' werden den Speichern STO 1 bis STO 9 in Matrixform zugeordnet:

$$\begin{bmatrix} D_{11'} & D_{12'} & D_{13'} \\ D_{21'} & D_{22'} & D_{31'} \\ D_{31'} & D_{32'} & D_{33'} \end{bmatrix} \Longrightarrow \begin{bmatrix} \text{STO 1} & \text{STO 2} & \text{STO 3} \\ \text{STO 4} & \text{STO 5} & \text{STO 6} \\ \text{STO 7} & \text{STO 8} & \text{STO 9} \end{bmatrix}$$

Für die Eingabe der Abstandsmatrix ist ein besonderes Eingabeprogramm mit der Startadresse Label E vorgesehen.

Innerhalb dieses Programms wird die jeweilige Speichernummer angezeigt, dem der nachfolgend einzugebende Wert zugeordnet wird. Nach Eingabe des letzten Wertes $D_{33'}$ wird das Hauptprogramm bei Label A automatisch gestartet.

Falls nur die induzierte Spannung auf dem Leiter 1 gesucht wird, ist nur die Eingabe der ersten Zeile erforderlich. Die Starttaste A ist dann manuell zu betätigen.

Als Ergebnisse werden die induzierten Spannungen auf den beeinflußten Leitern 1, 2, 3 nach Betrag und Phasenlage ausgegeben. Vor Übergang zu dem nächsten Leiter hält das Programm in einer kurzen Pause mit Anzeige der Leiternummer an. Durch Betätigung der R/S-Taste kann der automatische Weiterlauf des Programms abgebrochen werden.

Zur Berechnung der induzierten Spannung bei Erdschluß in einem Nachbarsystem gemäß Gl. (2.10.8) dient der Programmteil mit Startadresse Label B von Zeile 039 bis 064. Hierzu sind folgende Eingabewerte bereitzustellen:

Nummer ν des erschlußbehafteten Leiters	$\Rightarrow$ STO A
Erdschlußstrom I_E in A	$\Rightarrow$ STO C
Länge der unverdrillten Beeinflussungsstrecke in km	$\Rightarrow$ STO D
Spezifischer Erdbodenwiderstand in Ωm	$\Rightarrow$ STO E

Als Ergebnis wird die induzierte Spannung als Betragswert ausgegeben. In einer kurzen Pause wird der Ersatzabstand δ zu dem fiktiven Erdrückleiter gemäß Gl. (2.10.7) angezeigt. Dieser Wert kann durch Eingabe eines anderen Wertes innerhalb der Programmpause verändert werden. Die Speicheradresse i des aktuellen Abstandes $D_{k\nu'}$ gemäß Gl. (2.10.9) errechnet sich zu:

$$i = 3(k - 1) + \nu \qquad (2.10.11)$$

k ist die Leiternummer des beeinflußten Systems,
ν ist die Leiternummer des beeinflussenden Systems.

Der strukturelle Aufbau des Programms ist in Bild 2.10.2 schematisch dargestellt.

2.10.4 Programmbeschreibung „Induktive Beeinflussung"

Das Programm umfaßt 181 Anweisungszeilen (Tabelle 2.10.1). Es beginnt mit der Startadresse Label E für die automatische Eingabesteuerung der Abstandsmatrix in die primären Speicher STO 1 bis STO 9. Wenn der letzte Abstandswert eingegeben ist, wird die Programmbearbeitung in Zeile 014 mit der Startadresse Label A zur Berechnung der Beeinflussungsspannungen für den symmetrischen Belastungsfall fortgesetzt. In dem Unterprogramm Label c wird der konstante Faktor $f\,\mu_0\,s\,l$ aus Gl. (2.10.2) für $f = 50$ Hz berechnet und dem Sekundärspeicher STO 0' in Zeile 156 zugeordnet. In Zeile 017 wird erstmalig das Unterprogramm Label a mit dem Übergabeparameter 1 als Merkmal für die Berechnung der Beeinflussungsspannung auf dem Leiter 1 aufgerufen. Das Unterprogramm Label a umfaßt die Anweisungszeilen 065 bis 122. Es dient zur Auswertung der Gl. (2.10.5). Als Ergebnis werden die Spannungen U_{kE} in den Zeilen 109 und 111 in Polarkoordinaten ausgegeben. In den Zeilen 114 und 117 werden die Real- und Imaginärteile der Spannungen U_{kE} mit Hilfe der Registerarithmetik in den Sekundärspeichern STO 1', STO 2' ($\underline{U}_{1E}$), STO 4', STO 5' ($\underline{U}_{2E}$) und STO 7', STO 8' ($\underline{U}_{3E}$) aufaddiert. Sie können von dort über die Startadresse Label C in Zeile 025 aufgerufen werden. In Zeile 029 wird das Unterprogramm Label d mit dem Übergabeparameter 1 für den Ausdruck der Summenspannung des ersten Leiters aufgerufen. In diesem Unterprogramm wird zunächst ein Ausdruck erzeugt, in dem die Leiternummer so vielziffrig in einer Reihe ausgedruckt wird, wie beeinflussende Systeme in der Summe berücksichtigt wurden. Hierzu wird in Zeile 119 in STO 9' die Anzahl der Aufrufe des Unterprogramms Label a festgehalten.

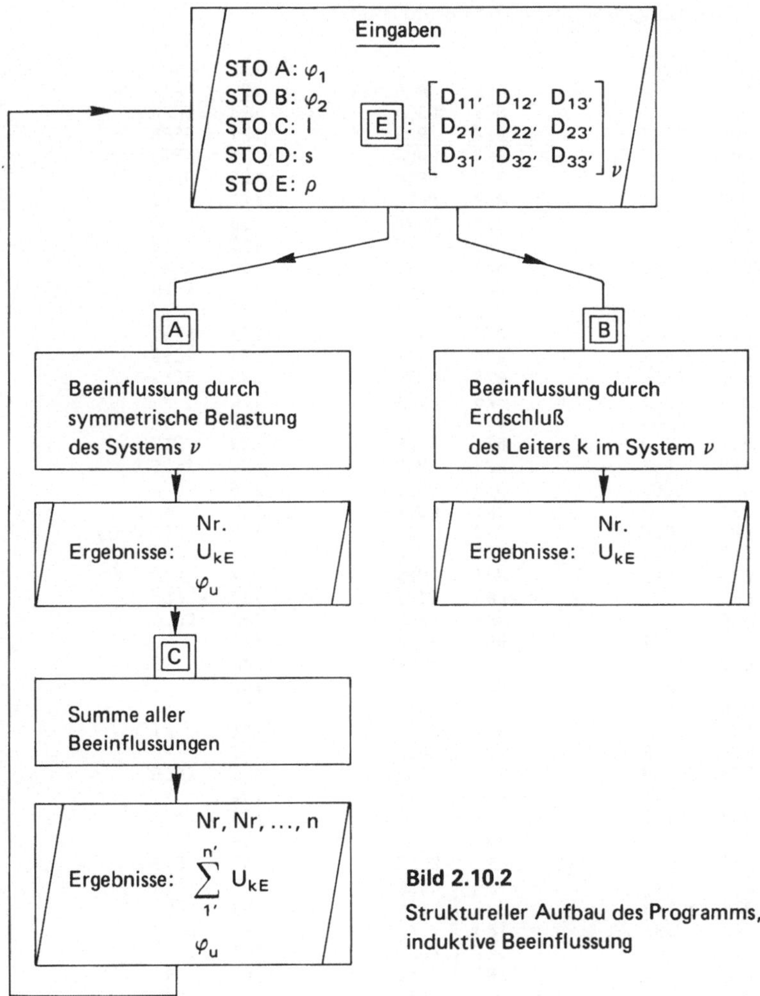

Bild 2.10.2
Struktureller Aufbau des Programms, induktive Beeinflussung

Bei der Berechnung einer summarischen Beeinflussung durch mehrere Systeme ist darauf zu achten, daß vor Beginn der Rechnung die Sekundärspeicher STO 1, STO 2, STO 4, STO 5, STO 7 und STO 8 gleich null gesetzt sind. Dies erfolgt zweckmäßig durch Betätigung der CL REG-Taste mit nachfolgendem Speicherbereichstausch über die Taste P ⇄ S.

Die Berechnung der induzierten Spannung aufgrund eines erdschlußbehafteten Leiters in einem Nachbarsystem mit dem Erdschlußstrom I_E erfolgt über die Startadresse Label B in Zeile 039.

In den Zeilen 041 bis 054 wird der Ersatzabstand δ zu dem fiktiven Erd-Rückleiter berechnet und in einer kurzen Pause angezeigt. Die Auswertung der Gl. (2.10.8) erfolgt in dem Unterprogramm Label b ab Zeile 123. In Zeile 125 wird die Nummer des betreffenden Leiters ausgegeben und in Zeile 142 die Spannung als Betragswert.

Tabelle 2.10.1 Anweisungsliste „Induktive Beeinflussung"

Abschnitt	Nr.	Anweisung	Ausgabe
Eingabe	001	*LBLE	
	002	DSP0	
	003	1	
	004	STOI	
	005	*LBL0	
	006	R/S	
	007	STOi	
	008	ISZI	
	009	9	
	010	RCLI	
	011	X≤Y?	
	012	GTO0	
	013	SPC	
sym. System	014	*LBLA	
	015	GSBc	
	016	1	
	017	GSBa	
	018	2	
	019	PSE	⇒ 2
	020	GSBa	
	021	3	
	022	PSE	⇒ 3
	023	GSBa	
	024	R/S	
Summe	025	*LBLC	
	026	2	
	027	STOI	
	028	1	
	029	GSBd	
	030	5	
	031	STOI	
	032	2	
	033	GSBd	
	034	8	
	035	STOI	
	036	3	
	037	GSBd	
	038	R/S	
Erdschluß	039	*LBLB	
	040	GSBc	
	041	RCLE	
	042	4	
	043	0	
	044	÷	
	045	Pi	
	046	X²	
	047	÷	
	048	√X	
	049	1	
	050	8	
	051	5	
	052	0	
	053	×	
	054	PSE	⇔ δ
	055	STO0	
	056	1	
	057	GSBb	
	058	2	
	059	PSE	⇒ 2
	060	GSBb	
	061	3	
	062	PSE	⇒ 3
	063	GSBb	
	064	R/S	
UP	065	*LBLa	
	066	DSP0	
	067	PRTX	⇒ Nr.
	068	DSP2	
	069	3	
	070	×	
	071	STOI	
	072	RCLi	
	073	ENT↑	
	074	ENT↑	
	075	DSZI	
	076	RCLi	
	077	÷	
	078	LN	
	079	X⇄Y	
	080	DSZI	
	081	RCLi	
	082	÷	
	083	LN	
	084	P⇄S	
	085	STO3	
	086	X⇄Y	
	087	STO6	
	088	RCLB	
	089	COS	
	090	×	
	091	RCL3	
	092	RCLA	
	093	COS	
	094	×	
	095	+	
	096	CHS	
	097	RCL3	
	098	RCLA	
	099	SIN	
	100	×	
	101	RCL6	
	102	RCLB	
	103	SIN	
	104	×	
	105	+	
	106	→P	
	107	RCL0	
	108	×	
	109	PRTX	⇒ U'_{KE}
	110	X⇄Y	
	111	PRTX	⇒ $\varphi_{U'}$
	112	X⇄Y	
	113	→R	
	114	ST+i	
	115	ISZI	
	116	X⇄Y	
	117	ST+i	
	118	1	
	119	ST+9	
	120	P⇄S	
	121	SPC	
	122	RTN	
UP	123	*LBLb	
	124	DSP0	
	125	PRTX	⇒ Nr.
	126	DSP2	
	127	1	
	128	−	
	129	3	
	130	×	
	131	RCLA	
	132	+	
	133	STOI	
	134	RCL0	
	135	RCLi	
	136	÷	
	137	LN	
	138	P⇄S	
	139	RCL0	
	140	P⇄S	
	141	×	
	142	PRTX	⇒ U'_{KE}
	143	SPC	
	144	RTN	
UP	145	*LBLc	
	146	RCLC	
	147	.	
	148	0	
	149	2	
	150	×	
	151	Pi	
	152	×	
	153	RCLD	
	154	×	
	155	P⇄S	
	156	STO0	
	157	P⇄S	
	158	RTN	
UP	159	*LBLd	
	160	DSP0	
	161	9	
	162	÷	
	163	P⇄S	
	164	RCL9	
	165	3	
	166	÷	
	167	10^x	
	168	×	
	169	PRTX	⇒ Nr., Nr.
	170	DSP2	
	171	RCLi	
	172	DSZI	
	173	RCLi	
	174	P⇄S	
	175	→P	
	176	PRTX	⇒ ΣU_{KE}
	177	X⇄Y	
	178	PRTX	⇒ $\varphi_{\Sigma U}$
	179	SPC	
	180	RTN	
	181	R/S	

2.10.5 Test- und Anwendungsbeispiele

a) Symmetrische Belastung der beeinflussenden Systeme

Für eine viersystemige Leitungstrasse einer 380 kV-Doppelleitung mit einer 110 kV Doppelleitung gemäß dem Bild (2.10.3) soll die Beeinflussungsspannung durch die beiden 380 kV-Leitungen und der 110 kV Leitung 1''', 2''', 3''' auf dem unteren 110 kV System 1, 2, 3 für eine Parallelführungslänge von 16 km und einseitiger Erdung bestimmt werden. Das System 1', 2', 3' führe einen Betriebsstrom von 250 A (Energiebezug), das System 1'', 2'', 3'' einen Strom von 650 A Energieabgabe und das System 1''', 2''', 3''' einen Strom von 200 A (Energiebezug). Der spezifische Erdbodenwiderstand sei 100 Ωm. Entsprechend dem Mastbild gilt folgende Abstandsmatrix in Meter:

System 1', 2', 3':

$$\begin{bmatrix} D_{11'} & D_{12'} & D_{13'} \\ D_{21'} & D_{22'} & D_{23'} \\ D_{31'} & D_{32'} & D_{33'} \end{bmatrix} = \begin{bmatrix} 16{,}7 & 6{,}8 & 8{,}5 \\ 16{,}3 & 8{,}2 & 6{,}8 \\ 17{,}4 & 11{,}0 & 6{,}8 \end{bmatrix}$$

System 1'', 2'', 3'':

$$\begin{bmatrix} D_{11''} & D_{12''} & D_{13''} \\ D_{21''} & D_{22''} & D_{23''} \\ D_{31''} & D_{32''} & D_{33''} \end{bmatrix} = \begin{bmatrix} 28{,}8 & 28{,}1 & 21{,}7 \\ 25{,}6 & 24{,}2 & 18{,}1 \\ 22{,}7 & 20{,}2 & 14{,}2 \end{bmatrix}$$

System 1''', 2''', 3''':

$$\begin{bmatrix} D_{11'''} & D_{12'''} & D_{13'''} \\ D_{21'''} & D_{22'''} & D_{23'''} \\ D_{31'''} & D_{32'''} & D_{33'''} \end{bmatrix} = \begin{bmatrix} 26{,}5 & 22{,}5 & 18{,}5 \\ 22{,}5 & 18{,}5 & 14{,}5 \\ 18{,}5 & 14{,}5 & 10{,}5 \end{bmatrix}$$

Die Berechnung wird für jeden der drei Beeinflussungsfälle getrennt durchgeführt. Anschließend werden die drei Spannungen für jeden Leiter des beeinflußten Systems vektoriell aufaddiert.

1. Beeinflussung durch das 380 kV-System 1', 2', 3':

Eingaben:

$\varphi_{1'}$ (Phase R) = 0°:	0 STO A
$\varphi_{2'}$ (Phase T) = 120°:	120 STO B
Strom I' = 250 A:	250 STO C
Beeinflussungslänge 16 km:	16 STO D

Start [E]: Nach Anzeige der Speichernummer können die Matrixelemente nacheinander eingegeben und durch R/S quittiert werden.

$$\begin{bmatrix} 16{,}7 & 6{,}8 & 8{,}5 \\ 16{,}3 & 8{,}2 & 6{,}8 \\ 17{,}4 & 11{,}0 & 6{,}8 \end{bmatrix} \Longrightarrow \begin{bmatrix} \text{STO 1} & \text{STO 2} & \text{STO 3} \\ \text{STO 4} & \text{STO 5} & \text{STO 6} \\ \text{STO 7} & \text{STO 8} & \text{STO 9} \end{bmatrix}$$

Start [A]:

Ergebnisse:

$\underline{U}_{1E} = 203{,}65\ \text{V}\ e^{j\,76{,}20^\circ}$

$\underline{U}_{2E} = 200{,}38\ \text{V}\ e^{j\,101{,}73^\circ}$

$\underline{U}_{3E} = 204{,}52\ \text{V}\ e^{j\,120{,}79^\circ}$

Rechenzeit rd. 30 Sekunden

2. Beeinflussung durch das 380 kV-System 1'', 2'', 3'':

Eingaben: $\varphi_{1''}$ (Phase S) = – 120° + 180° = 60°: 60 STO A
$\varphi_{2''}$ (Phase T) = 120° + 180° = 300°: 300 STO B
Strom I'' = 650 A: 650 STO C
Beeinflussungslänge 16 km: 16 STO D

Start [E]: Nach Anzeige der Speichernummer können die Matrixelemente nacheinander eingegeben und durch R/S quittiert werden.

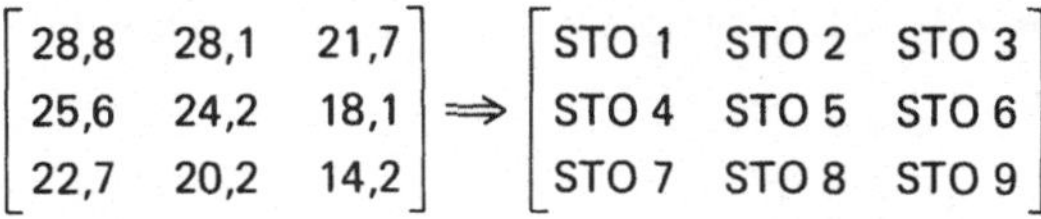

$$\begin{bmatrix} 28{,}8 & 28{,}1 & 21{,}7 \\ 25{,}6 & 24{,}2 & 18{,}1 \\ 22{,}7 & 20{,}2 & 14{,}2 \end{bmatrix} \Rightarrow \begin{bmatrix} \text{STO 1} & \text{STO 2} & \text{STO 3} \\ \text{STO 4} & \text{STO 5} & \text{STO 6} \\ \text{STO 7} & \text{STO 8} & \text{STO 9} \end{bmatrix}$$

Start [A]:

Ergebnisse: $\underline{U}''_{1E} = 177{,}48 \text{ V } e^{j\,94{,}50°}$
$\underline{U}''_{2E} = 210{,}58 \text{ V } e^{j\,98{,}69°}$
$\underline{U}''_{3E} = 276{,}43 \text{ V } e^{j\,103{,}82°}$

Bild 2.10.3 Mastbild zu der Beeinflussungsrechnung durch drei Systeme

3. Beeinflussung durch das 110 kV-System 1''', 2''', 3''':

Eingaben: $\varphi_{1'''}$ (Phase R) = 0°: 0 STO A
$\varphi_{2'''}$ (Phase S) = – 120°: – 120 STO B
Strom I''' = 200 A: 200 STO C
Beeinflussungslänge s = 16 km: 16 STO D

Start [E]: Nach Anzeige der Speichernummer können die Matrixelemente nacheinander eingegeben und durch R/S quittiert werden.

$$\begin{bmatrix} 26{,}5 & 22{,}5 & 18{,}5 \\ 22{,}5 & 18{,}5 & 14{,}5 \\ 18{,}5 & 14{,}5 & 10{,}5 \end{bmatrix} \Longrightarrow \begin{bmatrix} \text{STO 1} & \text{STO 2} & \text{STO 3} \\ \text{STO 4} & \text{STO 5} & \text{STO 6} \\ \text{STO 7} & \text{STO 8} & \text{STO 9} \end{bmatrix}$$

Start [A]:

Ergebnisse: $\underline{U}'''_{1E} = 62{,}66 \text{ V } e^{j\,57{,}05°}$
$\underline{U}'''_{2E} = 76{,}66 \text{ V } e^{j\,56{,}40°}$
$\underline{U}'''_{3E} = 98{,}94 \text{ V } e^{j\,55{,}39°}$

Die gesamte Beeinflussungsspannung ergibt sich durch Überlagerung der einzelnen Beeinflussungsspannungen:

Start [C]:

Ergebnisse: $\Sigma\, \underline{U}_{1E} = 432{,}77 \text{ V } e^{j\,80{,}86°}$
$\Sigma\, \underline{U}_{2E} = 469{,}18 \text{ V } e^{j\,93{,}68°}$
$\Sigma\, \underline{U}_{3E} = 537{,}88 \text{ V } e^{j\,102{,}29°}$ Rechenzeit rd. 10 Sekunden

Der Originalausdruck der Ergebnisse ist in Tabelle 2.10.2 ausgewiesen.

Tabelle 2.10.2 Ausdruck einer Beeinflussungsberechnung durch 3 Systeme

Eingabe	Beeinflussendes System v		
	1	2	3
Vorbereitung	CLRG		
	P⇄S		
	CLRG		
φ_1	0.00 STOA		
φ_2	120.00 STOB	60.00 STOA	0.00 STOA
I	250.00 STOC	300.00 STOB	-120.00 STOB
s	16.00 STOD	650.00 STOC	200.00 STOC
	GSBE	GSBE	GSBE
$[D_{kr}]$	16.7 R/S	28.8 R/S	26.5 R/S
	6.8 R/S	28.1 R/S	22.5 R/S
	8.5 R/S	21.7 R/S	18.5 R/S
	16.3 R/S	25.6 R/S	22.5 R/S
	6.2 R/S	24.2 R/S	18.5 R/S
	6.8 R/S	18.1 R/S	14.5 R/S
	17.4 R/S	22.7 R/S	18.5 R/S
	11. R/S	20.2 R/S	14.5 R/S
	6.8 R/S	14.2 R/S	10.5 R/S
Ergebnisse (v) $\underline{U}_{KE}$	1. ***	1. ***	1. ***
	203.65 ***	177.48 ***	62.66 ***
	76.20 ***	94.50 ***	57.05 ***
	2. ***	2. ***	2. ***
	200.38 ***	210.58 ***	76.66 ***
	101.73 ***	98.69 ***	56.40 ***
	3. ***	3. ***	3. ***
	204.52 ***	276.43 ***	98.94 ***
	120.79 ***	103.82 ***	55.39 ***
$\sum\limits_{v=1}^{n} \underline{U}_{KE}^{(v)}$	GSBC	GSBC	GSBC
	1. ***	11. ***	111. ***
	203.65 ***	376.30 ***	432.77 ***
	76.20 ***	84.72 ***	80.86 ***
	2. ***	22. ***	222. ***
	200.38 ***	410.82 ***	469.18 ***
	101.73 ***	100.18 ***	93.68 ***
	3. ***	33. ***	333. ***
	204.52 ***	475.80 ***	537.88 ***
	120.79 ***	111.03 ***	102.29 ***

b) Unsymmetrische Belastung der beeinflussenden Systeme

(Erdschluß)

Der Leiter 3''' des zweiten 110 kV Systems sei erdschlußbehaftet mit einem Erdschlußstrom I_E = 200 A. Die Leiter 1''' und 2''' werden als stromlos angenommen.

Eingaben:	3 = Nummer des beeinflussenden Leiters:	3 STO A
	Strom I_E = 200 A:	200 STO C
	Beeinflussungslänge 16 km:	16 STO D
	Spezifischer Erdbodenwiderstand ρ_E = 100 Ωm:	100 STO E
	$D_{13'''}$ = 18,5 m:	18,5 STO 3
	$D_{23'''}$ = 14,5 m:	14,5 STO 6
	$D_{33'''}$ = 10,5 m:	10,5 STO 9

(Es kann auch die vollständige Abstandsmatrix über Start E eingegeben werden).

Start [B]:

Ergebnisse: Anzeige mit kurzer Pause $\dot{\delta}$ = 931,09 m (Ersatzabstand zum fiktiven Erd-Rückleiter)

$\underline{U}_{1E}$ = 787,88 V
$\underline{U}_{2E}$ = 836,86 V
$\underline{U}_{3E}$ = 901,76 V

Rechenzeit rd. 20 Sekunden

2.11 Berechnung der Schutzbereiche gegen Blitzeinschlag durch Fangvorrichtungen

2.11.1 Allgemeines

Die in einem Gewitter durch Blitzentladungen sich darstellenden Naturgewalt hat seit Urzeiten die Menschen fasziniert. Der Schutz von Menschen und Gebäuden vor den Folgen eines direkten Blitzeinschlages ist seit jeher eine technisch zu lösende Aufgabe. Als Ergebnis intensiver Blitzforschung wurden verschiedene konstruktive Auslegungskriterien entwickelt, die auf einen definierten Schutzraum hinzielen.

Als eine mögliche Variante der Bemessung von Blitzschutzeinrichtungen wird hier zum Zweck der Programmierung auf ein Berechnungsverfahren zurückgegriffen, daß durch maßstabgerechte Modellversuche [12] erarbeitet wurde. Die Untersuchungen führen im Ergebnis zur Definition einer fiktiven Blitzkugel mit dem Radius r in deren Mittelpunkt eine von einem exponierten Punkt wachsende Fangentladung mit dem der Erde zustrebenden Leitblitzkopf zusammenstößt. Als blitzgeschützt können alle Teile einer Anlage angesehen werden, die beim Überrollen einer fiktiven Blitzkugel mit dem Radius r als die fiktive kritische Blitzkopfhöhe nicht berührt werden.

Daraus ergeben sich für die Anordnung und Höhe der Fangstangen geometrisch bestimmte Bemessungsgrundlagen für die sich eine programmierte Lösung als vorteilhaft erweist. Für vier praktisch wichtige Ausführungen von Anlagen werden im folgenden die Bemessungsgleichungen für die Höhe der Fangstangen angegeben.

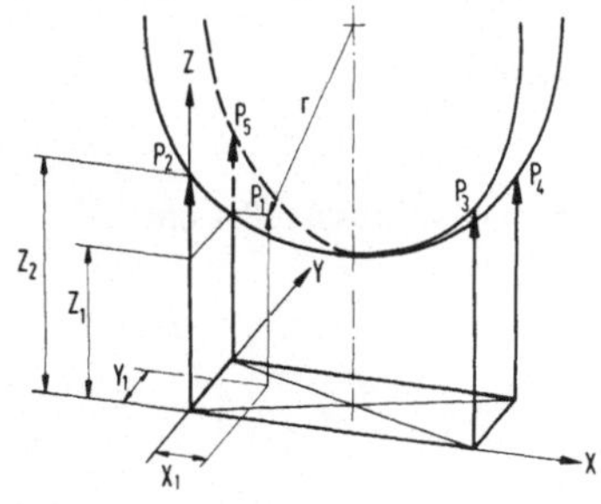

Bild 2.11.1 Abgrenzung eines Schutzraumes durch eine fiktive Blitzkugel

2.11.2 Bemessungsgleichungen zur Bildung blitzgeschützter Räume durch Fangstangen

Die aufgrund der vorwachsenden Fangentladung festgelegte Enddurchschlagstrecke h_B entspricht der kritischen Blitzkopfhöhe r. In [13] ist für die Enddurchschlagsstrecke in Abhängigkeit vom Stromscheitelwert eine von der CIGRE-Gruppe 33 empirisch ermittelte Näherungsbeziehung angegeben:

$$h_B = 2\hat{i} + 30\left(1 - e^{-\frac{\hat{i}}{6{,}8}}\right) \qquad \hat{i} \text{ in kA}, \quad h_B \text{ in m} \qquad (2.11.1)$$

Aus der Gl. (2.11.1) folgt, daß der Radius für die fiktive Blitzkugel für stromschwache Blitze niedriger anzusetzen ist als für stromstarke Blitze. Über die Häufigkeitsverteilung der Blitzstromstärken liegen statistisch ermittelte Angaben vor, aus denen hervorgeht, daß bei minimalen Scheitelwerten des Blitzstromes von 7,7 kA 90 %, von 3,1 kA bereits 99 % und von 1,6 kA bereits 99,9 % aller Blitze erfaßt sind. Aus diesen Stromwerten ergeben sich aus Gl. (2.11.1) Werte für die zu erwartenden Enddurchschlagstrecke von 36 m, 17 m und 9 m. Die fiktive kritische Blitzkopfhöhe wird in [14] mit 24 m bei einer statistischen Erfassungsgrenze von 95 % angegeben [15].

a) Schutzraum durch Einzelfangstange

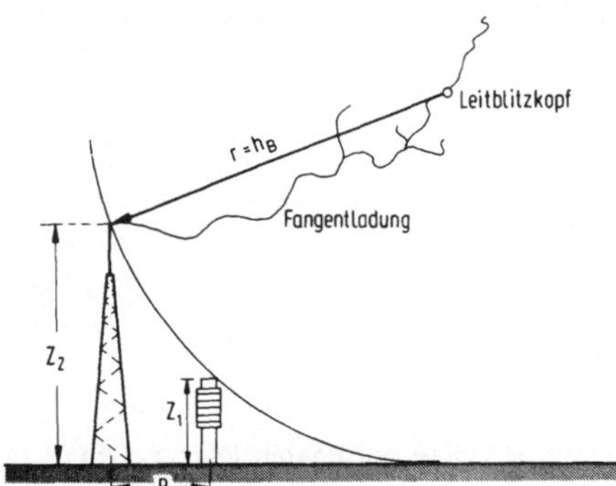

Bild 2.11.2 Einzelfangstange

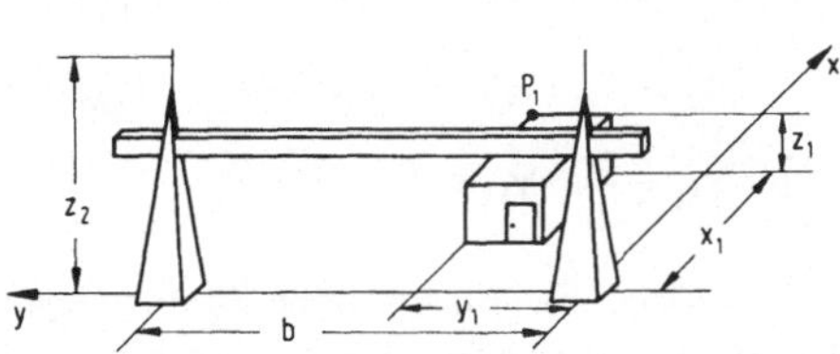

Bild 2.11.3 Portal mit zwei Fangstangen

Für die Höhe der Einzelfangstange gilt:

$$Z_2 > r - \sqrt{r^2 - [R + \sqrt{r^2 - (r - Z_1)^2}]^2} \qquad (2.11.1)$$

Bei gegebener Fangstangenhöhe Z_2 und Objekthöhe Z_1 ergibt sich der Schutzradius zu:

$$R < \sqrt{r^2 - (r - Z_2)^2} - \sqrt{r^2 - (r - Z_1)^2} \qquad (2.11.2)$$

b) Schutzraum durch Portal mit zwei begrenzenden Fangstangen

Für die Höhe der Fangstangen gilt:

$$Z_2 > r - \sqrt{r^2 - Y_M^2 - [X_1 + \sqrt{r^2 - (r - Z_1)^2 - (Y_M - Y_1)^2}]^2} \qquad (2.11.3)$$

mit $Y_M = \frac{b}{2}$

Das Maximum für Z_2 entlang der Koordinate y ergibt sich entlang der Mittellinie des Portals zu:

$$Y_1 = Y_M$$

Bei gegebener Fangstangenhöhe Z_2 und Objekthöhe Z_1 im Abstand Y_1 ergibt sich der maximal zulässige Abstand X_1 zu:

$$X_1 < \sqrt{r^2 - Y_M^2 - (r - Z_2)^2} - \sqrt{r^2 - (Y_M - Y_1)^2 - (r - Z_1)^2} \qquad (2.11.4)$$

c) Schutzraum durch Doppelportal mit vier begrenzenden Fangstangen

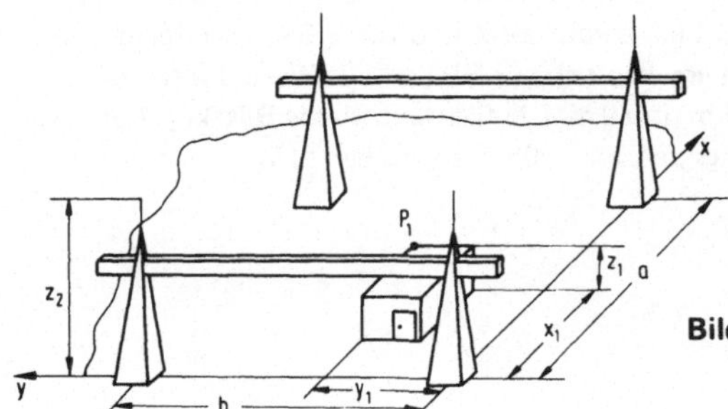

Bild 2.11.4 Doppelportal mit vier Fangstangen

Für die Höhe der Fangstangen beim Doppelportal gilt:

$$Z_2 > Z_1 + \sqrt{r^2 - (X_M - X_1)^2 - (Y_M - Y_1)^2} - \sqrt{r^2 - X_M^2 - Y_M^2} \qquad (2.11.5)$$

mit $X_M = \frac{a}{2} \quad Y_M = \frac{b}{2}$

Bei gegebener Fangstangenhöhe Z_2 und Objekthöhe Z_1 mit den Ortskoordinaten (X_1, Y_1) folgt für den höchstzulässigen Portalabstand b:

$$b < 2g \left(\sqrt{1 - \frac{h}{g^2}} - 1 \right) \qquad (2.11.6)$$

mit $$g = \frac{Y_1 \left[X_M^2 - Y_1^2 - (X_M - X_1)^2 - (Z_2 - Z_1)^2\right]}{2\left[Y_1^2 + (Z_2 - Z_1)^2\right]} \qquad (2.11.7)$$

$$h = \frac{\left[X_M^2 - Y_1^2 - (X_M - X_1)^2 - (Z_2 - Z_1)^2\right]^2 - 4(Z_2 - Z_1)^2 (r^2 - X_M^2)}{4\left[Y_1^2 + (Z_2 - Z_1)^2\right]} \qquad (2.11.8)$$

Der kritische Auslegungspunkt liegt im Schnittpunkt der beiden Diagonalen bei:

$$X_1 = X_M = \frac{a}{2}$$

$$Y_1 = Y_M = \frac{b}{2}$$

$$Z_2 > Z_1 + r - \sqrt{r^2 - X_M^2 - Y_M^2} \qquad (2.11.9)$$

$$a < 2\sqrt{r^2 - Y_M^2 - (Z_1 - Z_2 + r)^2} \qquad (2.11.10)$$

Die Bemessungsgleichungen (2.11.9 u. 2.11.10) gelten auch für Freileitungsabspannungen zwischen den beiden Portalen. Die Höhe Z_1 ist dann die niedrigste Bodenhöhe der Freileitungsseile in der Mitte zwischen den beidseitigen Abspannungen gemäß Bild 2.11.4.

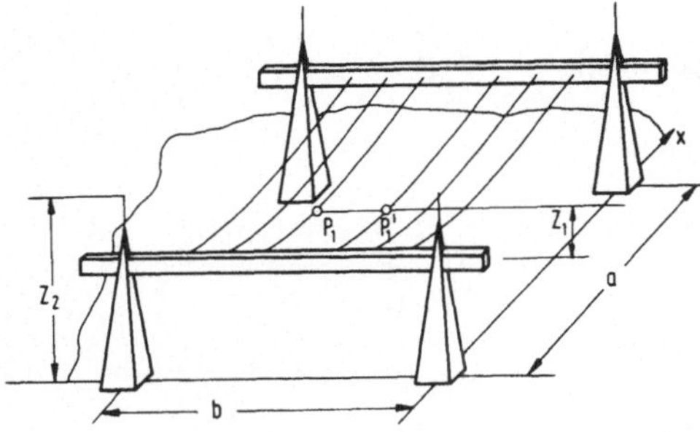

Bild 2.11.5 Freileitungsabspannung zwischen Portalen mit vier Fangstangen

2.11.3 Programmstruktur zur Berechnung von Blitzschutzräumen

Das Programm ermöglicht die Berechnung der Fangstangenhöhe für die vorgenannten Anordnungen sowie die Ausdehnung der Schutzbereiche bei gegebener Fangstangengeometrie. Im einzelnen sind folgende Programmaufrufe möglich:

Start [A]:	Mindesthöhe Z_2 der Einzelfangstange bei konzentrischem Schutzraum	
Erforderliche Eingaben:	Objekthöhe Z_1 in	STO A
	Objektabstand R in	STO B
	Fiktive kritische Blitzkopfhöhe r in	STO I
Start [f] [a]:	Zulässiger Objektabstand R	
Erforderliche Eingaben:	Objekthöhe Z_1 in	STO A
	Fangstangenhöhe Z_2 in	STO B
	Fiktive kritische Blitzkopfhöhe r in	STO I
Start [B]:	Mindesthöhe Z_2 der Fangstangen bei Schutzraum durch Portal	
Erforderliche Eingaben:	Objekthöhe Z_1 in	STO A
	Portalbreite b in	STO B
	Objektabstand X_1 in	STO C
	Objektabstand Y_1 in	STO D
	Fiktive kritische Blitzkopfhöhe r in	STO I
Start [f] [b]:	Zulässiger Objektabstand X_1 vom Portal	
Erforderliche Eingaben:	Objekthöhe Z_1 in	STO A
	Portalbreite b in	STO B
	Fangstangenhöhe Z_2 in	STO C
	Objektabstand Y_1 in	STO D
	Fiktive kritische Blitzkopfhöhe r in	STO I

Start [C]:	Mindesthöhe Z_2 der Fangstangen bei Schutzraum durch Doppelportal	
Erforderliche Eingaben:	Objekthöhe Z_1 in	STO A
	Portalbreite b in	STO B
	Portaltiefe a in	STO C
	Objektabstand X_1 in	STO D
	Objektabstand Y_1 in	STO E
	Fiktive kritische Blitzkopfhöhe r in	STO I
Start [f] [c]:	Zulässiger Portalabstand b	
Erforderliche Eingaben:	Objekthöhe Z_1 in	STO A
	Fangstangenhöhe Z_2 in	STO B
	Portalabstand a in	STO C
	Objektabstand X_1 in	STO D
	Objektabstand Y_1 in	STO E
	Fiktive kritische Blitzkopfhöhe r in	STO I
Start [D]:	Mindesthöhe Z_2 der Fangstangen bei Schutzraum durch Doppelportal mit Überspannungsseilen	
Erforderliche Eingaben:	Minimale Durchfahrtshöhe Z_1 in	STO A
	Portalbreite b in	STO B
	Abspannlänge a in	STO C
	Fiktive kritische Blitzkopfhöhe r in	STO I
Start [f] [d]:	Zulässige Abspannlänge a	
Erforderliche Eingaben:	Durchfahrtshöhe Z_1 in	STO A
	Portalbreite b in	STO C
	Fangstangenhöhe Z_2 in	STO B
	Fiktive kritische Blitzkopfhöhe r in	STO I
Start [E]:	Berechnung der fiktiven kritischen Blitzkopfhöhe r	
Erforderliche Eingaben:	Stromscheitelwert $\hat{i}$ in kA im X-Register	

2.11.4 Programmbeschreibung „Schutzbereiche gegen Blitzeinschlag"

Das in Tabelle 2.11.1 angegebene Programm umfaßt 214 Programmzeilen. Es enthält zwei Unterprogramme mit den Einsprungadressen Label 1 und Label 2. Das Unterprogramm Label 1 dient zur Berechnung des in den angegebenen Gleichungen häufig vorkommenden Ausdruckes $\sqrt{x^2 - y^2 - z^2}$. Beim Aufruf müssen die Variablen x, y und z im Stackregister X, Y und Z vorliegen. Als Ergebnis wird der Wurzelausdruck im X-Register an das rufende Programm zurückgegeben. Das Unterprogramm Label 2 dient nur zur Halbierung eines Wertes im X-Register. Es werden die Primärregister STO 0 bis STO 6 als Zwischenspeicher sowie die Label A bis E, a bis d und 0 bis 3 benötigt. Falls der Programmlauf durch Error-Anzeige gestoppt wird, ist die entsprechende Gleichung nicht reell lösbar, d.h. für den gewählten Blitzkugelradius existiert mit den vorgegebenen Daten kein Schutzbereich.

Tabelle 2.11.1 Anweisungsliste „Schutzbereiche gegen Blitzeinschlag"

Z_2	001	*LBLA	
	002	0	
	003	RCLI	
	004	RCLA	
	005	-	
	006	RCLI	
	007	GSB1	
	008	RCLB	
	009	+	
	010	0	
	011	RCLI	
	012	GSB1	
	013	CHS	
	014	RCLI	
	015	GTO0	
R	016	*LBLa	
	017	0	
	018	RCLI	
	019	RCLB	
	020	-	
	021	RCLI	
	022	GSB1	
	023	0	
	024	RCLI	
	025	RCLA	
	026	-	
	027	RCLI	
	028	GSB1	
	029	-	
	030	GTO3	
Z_2	031	*LBLB	
	032	RCLB	
	033	GSB2	
	034	RCLD	
	035	-	
	036	RCLI	
	037	RCLA	
	038	-	
	039	RCLI	
	040	GSB1	
	041	RCLC	
	042	+	
	043	RCLB	
	044	GSB2	
	045	RCLI	
	046	GSB1	
	047	CHS	
	048	RCLI	
	049	GTO0	
X_1	050	*LBLb	
	051	RCLI	
	052	RCLC	
	053	-	
	054	RCLB	
	055	GSB2	
	056	STO0	
	057	RCLI	
	058	GSB1	
	059	RCL0	
	060	RCLD	
	061	-	
	062	RCLI	
	063	RCLA	
	064	-	
	065	RCLI	
	066	GSB1	
	067	-	
	068	GTO3	
Z_2	069	*LBLC	
	070	RCLB	
	071	GSB2	
	072	STO2	
	073	RCLC	
	074	GSB2	
	075	STO1	
	076	RCLI	
	077	GSB1	
	078	STO0	
	079	RCL2	
	080	RCLE	
	081	-	
	082	RCL1	
	083	RCLD	
	084	-	
	085	RCLI	
	086	GSB1	
	087	RCL0	
	088	-	
	089	RCLA	
	090	GTO0	
b	091	*LBLc	
	092	RCLB	
	093	RCLA	
	094	-	
	095	X^2	
	096	STO3	
	097	4	
	098	STO4	
	099	x	
	100	STO1	
	101	RCLI	
	102	X^2	
	103	RCLC	
	104	GSB2	
	105	STO5	
	106	X^2	
	107	STO5	
	108	-	
	109	STO2	
	110	RCL5	
	111	RCLE	
	112	X^2	
	113	ST×4	
	114	-	
	115	RCL6	
	116	RCLD	
	117	-	
	118	X^2	
	119	-	
	120	RCL3	
	121	-	
	122	STO3	
	123	RCL1	
	124	ST+4	
	125	RCLE	
	126	2	
	127	x	
	128	RCL3	
	129	x	
	130	STO5	
	131	RCL3	
	132	X^2	
	133	RCL1	
	134	RCL2	
	135	x	
	136	-	
	137	STO6	
	138	RCL4	
	139	ST÷5	
	140	ST÷6	
	141	RCL5	
	142	X^2	
	143	RCL6	
	144	-	
	145	$\sqrt{X}$	
	146	RCL5	
	147	-	
	148	2	
	149	x	
	150	GTO3	
Z_2	151	*LBLD	
	152	RCLB	
	153	GSB2	
	154	RCLC	
	155	GSB2	
	156	RCLI	
	157	GSB1	
	158	CHS	
	159	RCLI	
	160	+	
	161	RCLA	
	162	GTO0	
a	163	*LBLd	
	164	RCLA	
	165	RCLC	
	166	-	
	167	RCLI	
	168	+	
	169	RCLB	
	170	GSB2	
	171	RCLI	
	172	GSB1	
	173	2	
	174	x	
	175	GTO3	
UP	176	*LBL1	
	177	X^2	
	178	X⇄Y	
	179	X^2	
	180	-	
	181	X⇄Y	
	182	X^2	
	183	-	
	184	$\sqrt{X}$	
	185	RTN	
UP	186	*LBL2	
	187	2	
	188	÷	
	189	RTN	
	190	*LBL0	
	191	+	
	192	*LBL3	
	193	PRTX	⇒ Z_2
	194	R/S	
r(î)	195	*LBLE	
	196	STO0	
	197	6	
	198	.	
	199	8	
	200	÷	
	201	CHS	
	202	e^x	
	203	CHS	
	204	1	
	205	+	
	206	3	
	207	0	
	208	x	
	209	RCL0	
	210	2	
	211	x	
	212	+	
	213	STO1	
	214	R/S	

2.11.5 Test- und Anwendungsbeispiele

1a) Die Höhe der Blitzfangstange auf einem Betonmast einer Mittelspannungsfreileitung ist so zu bestimmen, daß die Abspannarmaturen der Quertraverse in dem Schutzbereich einer 36 m Blitzkugel liegen (Bild 2.11.6).

Eingaben:	Objekthöhe	Z_1 = 11 m:	11	STO A
	Objektabstand	R = 2 m:	2	STO B
	Blitzkugelradius	r = 36 m:	36	STO I

Start [A]:

Ergebnis: Mindesthöhe der Fangstange Z_2 = 13,25 m

Rechenzeit rd. 5 Sekunden

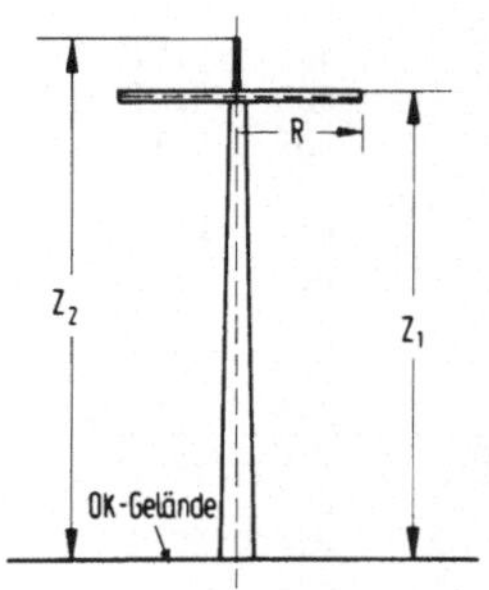

Bild 2.11.6
Beton-Abspannmast einer 20 kV-Leitung

b) Falls die Fangstangenhöhe vorgegeben ist, kann mit der Programmvarianten f a der zulässige Schutzbereich in Traversenhöhe bestimmt werden:

Eingaben:	Objekthöhe	Z_1 = 11 m:	11	STO A
	Fangstangenhöhe	Z_2 = 13 m:	13	STO B
	Blitzkugelradius	r = 36 m:	36	STO I

Start [f] [a]:

Ergebnis: Für 90 % der beobachteten Blitze geschützte Traversenausladung R = 1,79 m

Rechenzeit rd. 5 Sekunden

2a) Die Höhe der Blitzfangstangen auf den beiden Eckstielen einer Portalabspannung sind so zu bestimmen, daß ein durch die Ortskoordinaten (X_1, Y_1, Z_1) bestimmter geschützter Auslagenpunkt P_1 entsteht (Bild 2.11.7).

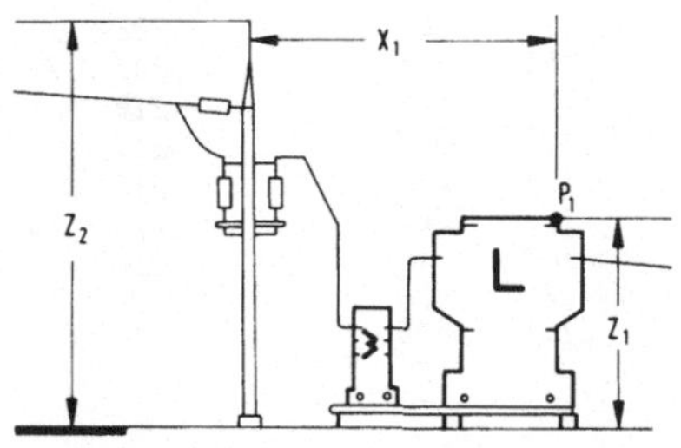

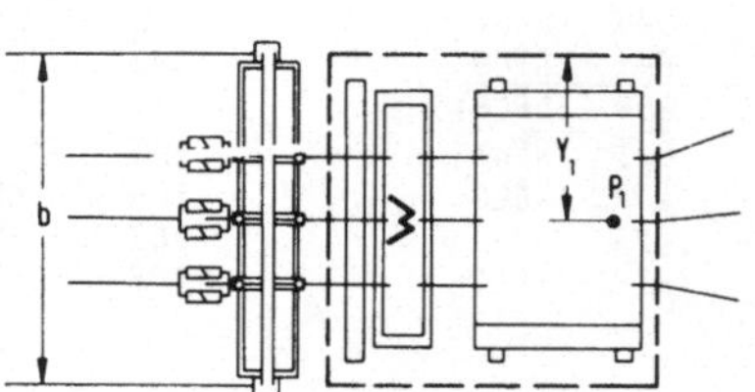

Bild 2.11.7 Blitzschutzbereich bei Portalabspannung

Eingaben:	Objekthöhe	$Z_1 = 6$ m:	6 STO A
	Portalbreite	$b = 8$ m:	8 STO B
	Objektabstand	$X_1 = 7$ m:	7 STO C
	Objektabstand	$Y_1 = 4$ m:	4 STO D
	Blitzkugelradius	$r = 24$ m:	24 STO I

Start [B]:

Ergebnis: Mindesthöhe der Fangstangen $Z_2 = 17{,}94$ m.

Rechenzeit rd. 5 Sekunden

b) Falls die Fangstangenhöhe vorgegeben ist, kann mit der Programmvarianten f b der zulässige Schutzbereich für den Objektabstand X_1 bestimmt werden.

Eingaben: Fangstangenhöhe $Z_2 = 12$ m: 12 STO C
sonst wie 2a)

Start [f] [b]:

Ergebnis: Für 95 % der beobachteten Blitze zulässiger Objektabstand $X_1 = 4{,}52$ m.

Rechenzeit rd. 5 Sekunden

3a) Ein zwischen vier Eckstielen befindlicher Objektpunkt P_1 mit den Koordinaten (X_1, Y_1, Z_1) soll geschützt werden (Bild 2.11.4). Die Höhe der Fangstangen ist zu bestimmen.

Eingaben:	Objekthöhe	$Z_1 = 3$ m:	3 STO A
	Portalbreite (y-Richtung)	$b = 15$ m:	15 STO B
	Portalabstand (x-Richtung)	$a = 33$ m:	33 STO C
	Objektabstand	$X_1 = 10$ m:	10 STO D
	Objektabstand	$Y_1 = 5$ m:	5 STO E
	Blitzkugelradius	$r = 24$ m:	24 STO I

Start [C]:

Ergebnis: Mindesthöhe der Fangstangen $Z_2 = 10{,}24$ m

Rechenzeit rd. 5 Sekunden

b) Die Berechnung der Portalbreite mit den Daten gemäß 3a) erlaubt eine Kontrolle beider Berechnungsvarianten.

Eingabe: 10,24 STO B*)

Start [f] [c]:

Ergebnis: Für 95 % der beobachteten Blitze zulässige Portalbreite b = 15,00 m

Rechenzeit rd. 5 Sekunden

*) Falls der Wert 10,24 als gerundetes Ergebnis aus Beispiel 3a) neu eingegeben wird, ergibt sich eine zulässige Portalbreite b = 15,03 m.

4a) Die Höhe der Fangstangen auf den vier Eckstielen eines Abspannfeldes zwischen zwei Abspannportalen einer Schaltanlage sind so zu bestimmen, daß der gesamte Überspannungsbereich geschützt ist (Bild 2.11.8).

Eingaben:	Objekthöhe	Z_1 = 8,5 m:	8,5 STO A
	Portalbreite	b = 15 m:	15 STO B
	Abspannlänge	a = 33 m:	33 STO C
	Blitzkugelradius	r = 24 m:	24 STO I

Start [D]:

Ergebnis: Mindesthöhe der Fangstangen Z_2 = 16,77 m

Rechenzeit rd. 5 Sekunden

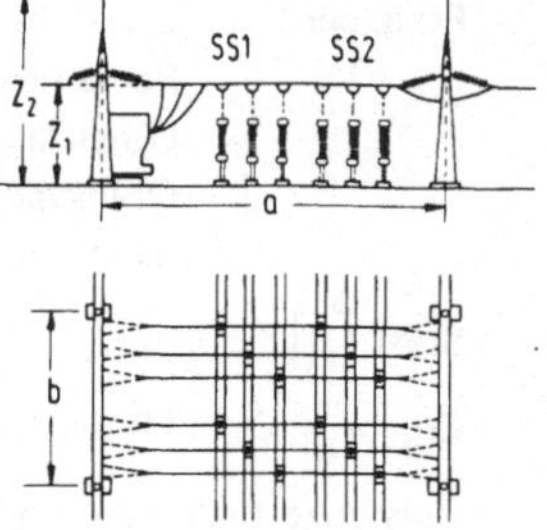

Bild 2.11.8 Blitzschutzbereich eines Überspannungsfeldes

b) Falls die Fangstangenhöhe vorgegeben ist, kann mit Hilfe der Programmvarianten f d die zulässige Abspannlänge a bestimmt werden.

Eingaben: Fangstangenhöhe Z_2 = 16,5 m: 16,5 STO C
sonst wie 4a)

Start [f] [d]:

Ergebnis: Für 95 % der beobachteten Blitze geschützter Abspannbereich a = 32,48 m

Rechenzeit rd. 5 Sekunden

5) Zu einem Stromscheitelwert von $\hat{i}$ = 7,7 kA (90 % aller beobachteten Blitze liegen über diesen Wert) soll die fiktive kritische Blitzkopfhöhe (Blitzkugelradius) bestimmt werden.

Eingabe: $\hat{i}$ = 7,7 kA (im X-Register)

Start [E]:

Ergebnis: r = 35,73 m

Rechenzeit rd. 5 Sekunden

Bei den zahlenmäßigen Ergebnissen der Schutzbereichsberechnung darf nicht vergessen werden, daß die Berechnungsgrundlage auf einer statistisch ermittelten Hypothese beruht, bei der als wählbare Variable der angesetzte Blitzkugelradius von entscheidender Bedeutung ist.

2.12 Auswertung von Tagesbelastungskennlinien

2.12.1 Berechnungsgrundlagen

Bei der Auslegung von Kabelanlagen in der elektrischen Energietechnik, insbesondere wegen der vermehrt eingesetzten Polyäthylen-Isolierstoffe (PE und VPE), ist der Belastungsgrad des wechselnden Tageslastspieles von zunehmender Bedeutung. Um den Belastungsgrad einer Tagesbelastungskennlinie zu bestimmen, muß die Fläche unter der Kennlinie als Maß für die Tagesarbeit ermittelt werden. Hierzu bietet sich als Ersatz für die bisher praktizierten graphischen Verfahren (VDE 0298 Teil 2) [16] eine programmierte Lösung an.

Für die Tagesarbeit A_T gilt:

$$A_T = \int_0^{24h} P(t)\,dt \qquad (2.12.1)$$

Für die mittlere Tagesleistung $\overline{P}_T$ gilt:

$$\overline{P}_T = \frac{A_T}{T} = \frac{1}{T} \int_0^{24h} P(t)\,dt \qquad (2.12.2)$$

Der Belastungsgrad b ist gleich dem Quotient aus der mittleren Tagesleistung $\overline{P}_T$ und dem Leistungsmaximum P_{max}:

$$b = \frac{\overline{P}_T}{P_{max}} \qquad (2.12.3)$$

Bei stündlicher Messung der Leistungswerte stehen 25 Meßwerte P(t) als Stützwerte für eine numerische Integration zur Verfügung. Bei Anwendung der Trapezregel ergibt sich eine besonders einfache Programmstruktur, die keine Zwischenspeicherung erfordert:

$$A_T = \int_0^{24h} P(t)\,dt = \frac{1h}{2}(P_0 + 2\,P_2 + \ldots + 2\,P_{23} + P_{24}) \qquad (2.12.4)$$

$$A_T = \left[\sum_{i=0}^{24} P_i - \frac{1}{2}(P_0 + P_{24})\right] \cdot 1h \qquad (2.12.5)$$

2.12.2 Programmbeschreibung „Tagesbelastungskennlinien"

Das Programm zur Auswertung der Tagesbelastungskennlinien besteht aus einem Eingabeteil, einem Eingabekorrekturteil und einem Auswertungsteil. In dem Eingabeteil werden die 25 Leistungswerte als Stützwerte für die numerische Integration nach Gl. (2.12.5) mit Hilfe der indirekten Adressierung den Speichern STO 0 bis STO 24 zugeordnet. Damit sind bis auf das Indexregister alle Speicher belegt, so daß die Berechnung ausschließlich im Stackregister ablaufen muß.

Der Eingabeteil wird durch Betätigung der Taste E mit Label E in Zeile 001 gestartet. Durch die Stop-Anweisung R/S in Zeile 006 wird die Bearbeitung mit Anzeige der jeweiligen Speicheradresse unterbrochen. Nach Eingabe eines Leistungswertes P_i und nachfolgender Betätigung der R/S-Taste wird das Programm in einer Eingabeschleife zwischen Label 0 in Zeile 005 und der Rücksprunganweisung in Zeile 013 solange fortgesetzt, bis 25 Werte eingegeben wurden.

Zur Korrektur einzelner Eingabewerte kann ein Korrekturprogramm durch Betätigung der Starttaste D aufgerufen werden. Dieser Programmteil beginnt in Zeile 063 mit Label D und endet in Zeile 073 mit der GTO D-Anweisung. Vor Aufruf des Korrekturprogramms muß der Index der zu korrigierenden Leistung ins X-Register eingegeben werden. Dieser Index wird dann in Zeile 065 nach STO I abgespeichert und in einer kurzen Pause angezeigt. Bei dem folgenden Programmstop in Zeile 069 wird dann der im Speicher i vorhandene Wert P_i angezeigt. Nach Eingabe eines neuen Wertes und Betätigung der R/S-Taste wird dieser neue Wert nach STO i abgespeichert. Aufgrund der ISZI-Anweisung in Zeile 071 wird beim nächsten Programmstop der nächst höhere Leistungswert angezeigt.

Falls keine weiteren Korrekturen mehr erforderlich sind, kann der Auswertungsteil durch Betätigung der Starttaste A aufgerufen werden. In einer Programmschleife von Zeile 020 bis 024 wird die Summierung der Leistungswerte von P_{24} bis P_1 vorgenommen.

Der Wert P_0 wird anschließend außerhalb der Schleife addiert und danach der zweite Term aus Gl (2.12.5) subtrahiert. Die nach der Trapezregel ermittelte Tagesarbeit wird in Zeile 034 ausgegeben.

In einer weiteren Programmschleife Label 2 von Zeile 042 bis 048 wird die Auswahl der maximalen Leistung $P_{max} = \max \{P_i\}$ getroffen. Die Schleife wird verlassen, wenn der Inhalt des Indexregisters nach Ausführung der Dekrement-Anweisung DSZI in Zeile 047 gleich null geworden ist. Daher muß die Maximumabfrage für den Leistungswert P_0 außerhalb der Schleife nachgeholt werden. Das ermittelte Leistungsmaximum wird in Zeile 054 ausgegeben. Da im Y-Register die mittlere Tagesleistung vorliegt, kann diese nach $X \rightleftarrows Y$-Registeraustausch in der Zeile 057 ausgegeben werden. Anschließend wird der Belastungsgrad gemäß Gl. (2.12.3) gebildet und in Zeile 061 ausgegeben.

Tabelle 2.12.2 Stützwerte zur Auswertung einer Tagesbelastungskennlinie

Stützpunkte	Juni 1977	Dezember 1977
P_0	26,0 GW	38,8 GW
P_1	23,8 GW	36,8 GW
P_2	23,4 GW	36,2 GW
P_3	23,0 GW	36,3 GW
P_4	23,7 GW	36,4 GW
P_5	24,5 GW	36,5 GW
P_6	27,5 GW	36,7 GW
P_7	34,0 GW	42,0 GW
P_8	38,4 GW	47,0 GW
P_9	39,0 GW	47,0 GW
P_{10}	39,5 GW	46,5 GW
P_{11}	41,2 GW	46,3 GW
P_{12}	41,8 GW	46,7 GW
P_{13}	39,5 GW	44,3 GW
P_{14}	37,7 GW	44,1 GW
P_{15}	37,5 GW	44,1 GW
P_{16}	36,2 GW	43,2 GW
P_{17}	35,3 GW	45,5 GW
P_{18}	35,1 GW	46,4 GW
P_{19}	34,9 GW	45,5 GW
P_{20}	34,7 GW	43,0 GW
P_{21}	34,4 GW	40,8 GW
P_{22}	32,5 GW	40,9 GW
P_{23}	29,5 GW	41,0 GW
P_{24}	26,0 GW	38,8 GW

2.12.3 Test- und Anwendungsbeispiele

Die stündlichen Leistungsmaxima der öffentlichen Stromversorgung in der Bundesrepublik Deutschland für einen Sommertag im Juni 1977 und einen Wintertag im Dezember 1977 entsprechen der angegebenen Belastungstabelle [17] (Tabelle 2.12.2). Es sind die Tagesarbeit und der Belastungsgrad zu bestimmen.

Start [E]:

Eingaben: P_0 bis P_{24}
(Die Eingabewerte werden nach Betätigen der R/S-Taste in die vorgesehenen Speicher übernommen)

Ergebnisse:

	Sommertag	Wintertag
Tagesarbeit A_T	793,10 GWh	1012,00 GWh
Leistungsmaximum P_{max}	41,80 GW	47,00 GW
Mittlere Tagesleistung $\bar{P}_T$	33,05 GW	42,17 GW
Belastungsgrad b	0,79	0,90

Rechenzeit rd. 45 Sekunden

Tabelle 2.12.1
Anweisungsliste „Tagesbelastungskennlinien"

```
Eingabe   *LBLE
          DSP0
          0
          STOI
          *LBL0 ◄─┐
          R/S     │
          STOi    │
          ISZI    │
          2       │
          4       │
          RCLI    │
          X≤Y?    │
          GTO0 ───┘
          *LBLA
          DSP2
          2
          4
          STOI
          0
          *LBL1 ◄─┐
          RCLi    │
          +       │
          DSZI    │
          GTO1 ───┘
          RCL0
          +
          RCL0
          RCLE
          +
          2
          ÷
          -
          PSE  ⇒ ┐ A_Ges
          PRTX ⇒ ┘
          2
          4
          ÷
          LSTX
          STOI
          R↓
          0
          *LBL2 ◄─┐
          RCLi    │
          X>Y?    │
          X⇄Y     │
          R↓      │
          DSZI    │
          GTO2    │
          RCLi    │
          X>Y? ───┘
          X⇄Y
          R↓
          PSE  ⇒ ┐ P_max
          PRTX ⇒ ┘
          X⇄Y
          PSE  ⇒ ┐ P̄
          PRTX ⇒ ┘
          X⇄Y
          ÷
          SPC
          PRTX
          R/S
Korrektur *LBLD ◄─┐
          DSP0    │
          STOI    │
          PSE ⇒ i │
          RCLi    │
          DSP2    │
          R/S ⇐ P_i
          STOi    │
          ISZI    │
          RCLI    │
          GTOD ───┘
```

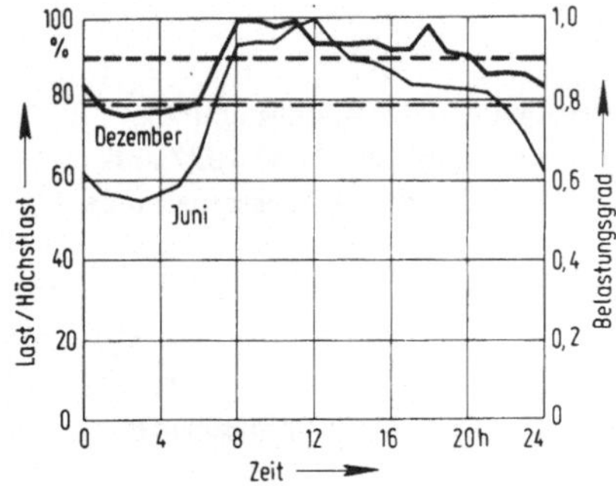

Bild 2.12.1

Tageslast und Bestimmung des Belastungsgrades
——— Verhältnis der Last zur Höchstlast in %
– – – – Verhältnis der Durchschnittslast zur Höchstlast

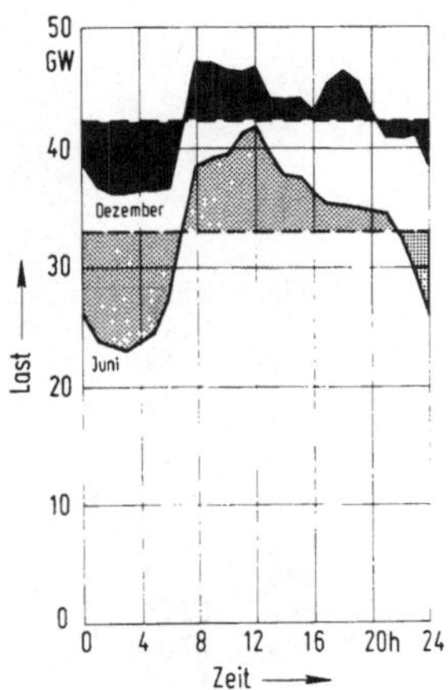

Bild 2.12.2

Netzbelastung Sommer und Winter im Jahre 1977

2.12.4 Programmkompatibilität HP 67/97 – HP 41 C

Am Beispiel des Programms „Tagesbelastungskennlinie" wird nachfolgend die Handhabung eines HP 67/97-Programms auf dem Rechner HP 41 C dargestellt. Auf dem HP 41 C wird zunächst der Datenspeicherbereich durch die Anweisung [XEQ] [ALPHA] SIZE [ALPHA] 026 auf 26 Datenregister festgelegt. Anschließend kann die Programmkarte gemäß der Anweisungsliste in Tabelle 2.12.1 eingelesen werden. Sobald die Magnetkarte eingelesen ist, beginnt der Übersetzungsvorgang. Während der Übersetzung des Programms erscheint in der Anzeige WORKING und dann PACKING. Das Programm wird im USER-Mode wie beim HP 67/97 über die Label E-Taste gestartet. Der Programmablauf wird mit der Anzeige 0 zur Eingabe des ersten Leistungswertes gestoppt. Die weitere Bedienung und Ergebnisausgabe entspricht der Bearbeitung auf dem HP 67/97.

Das übersetzte Programm beginnt in Zeile 01 mit dem Label LBL 67 und umfaßt 76 Programmzeilen. Das übersetzte Programm kann im NORM-Modus in gegliederter Zeilenform sowie im TRACE-Modus in kompakter Form ausgegeben werden. Diese Ausdrucke sind in Tabelle 2.12.2 zusammen mit dem Eingabe- und Ergebnis-Listing angegeben.

Die aufgrund der veränderten Befehls- und Speicherstruktur zu übersetzenden HP 67/97-Anweisungen sind in dem Listing durch eine vorgestellte 7 zu erkennen. Zum Beispiel wird die Inkrement-Anweisung ISZ in Zeile 10 durch 7 ISZ übersetzt. Da das Übersetzer-ROM im Kartenleser enthalten ist, muß dieser während der Programmbearbeitung aufgesetzt sein.

Tabelle 2.12.2 Programm und Ergebnislistung eines übersetzten HP 67/97-Programms

Gegliederte Form

```
01♦LBL 67
02♦LBL 14
03♦LBL E
04 7DSP0
05 0
06 STO 25

07♦LBL 00
08 STOP
09 STO IND 25
10 7ISZ
11 24
12 RCL 25
13 X<=Y?
14 GTO 00

15♦LBL 10
16♦LBL A
17 7DSP2
18 24
19 STO 25
20 0

21♦LBL 01
22 RCL IND 25
23 +
24 7DSZ
25 GTO 01
26 RCL 00
27 +
28 RCL 00
29 RCL 24
30 +
31 2
32 /
33 -
34 PSE
35 7PRTX
36 24
37 /
38 LASTX
39 STO 25
40 RDN
41 0
42♦LBL 02
43 RCL IND 25
44 X>Y?
45 X<>Y
46 RDN
47 7DSZ
48 GTO 02
49 RCL IND 25
50 X>Y?
51 X<>Y
52 RDN
53 PSE
54 7PRTX
55 X<>Y
56 PSE
57 7PRTX
58 X<>Y
59 /
60 ADV
61 7PRTX
62 STOP

63♦LBL 13
64♦LBL D
65 7DSP0
66 STO 25
67 PSE
68 RCL IND 25
69 7DSP2
70 STOP
71 STO IND 25
72 7ISZ
73 RCL 25
74 GTO 13
75 STOP
76 .END.
```

Kompaktform

```
 01♦LBL 67
 02♦LBL 14
 03♦LBL E
7DSP0  0  STO 25

 07♦LBL 00
STOP  STO IND 25  7ISZ
24  RCL 25  X<=Y?
GTO 00

 15♦LBL 10
 16♦LBL A
7DSP2  24  STO 25  0

 21♦LBL 01
RCL IND 25  +  7DSZ
GTO 01  RCL 00  +
RCL 00  RCL 24  +  2  /
-  PSE  7PRTX  24  /
LASTX  STO 25  RDN  0

 42♦LBL 02
RCL IND 25  X>Y?  X<>Y
RDN  7DSZ  GTO 02
RCL IND 25  X>Y?  X<>Y
RDN  PSE  7PRTX  X<>Y
PSE  7PRTX  X<>Y  /  ADV
7PRTX  STOP

 63♦LBL 13
 64♦LBL D
7DSP0  STO 25  PSE
RCL IND 25  7DSP2  STOP
STO IND 25  7ISZ  RCL 25
GTO 13  STOP  .END.
```

Eingabe und Ergebnisse

```
         XEQ E
  26.0    RUN
  23.8    RUN
  23.4    RUN
  23.0    RUN
  23.7    RUN
  24.5    RUN
  27.5    RUN
  34.0    RUN
  38.4    RUN
  39.0    RUN
  39.5    RUN
  41.2    RUN
  41.8    RUN
  39.5    RUN
  37.7    RUN
  37.5    RUN
  36.2    RUN
  35.3    RUN
  35.1    RUN
  34.9    RUN
  34.7    RUN
  34.4    RUN
  32.5    RUN
  29.5    RUN
  26.0    RUN
793.10    ***
 41.80    ***
 33.05    ***

  0.79    ***
```

3 Steuerungstechnik

3.1 Optimierung

Das Problem der wirtschaftlichen Lastverteilung für thermisch erzeugte elektrische Energie führt auf ein komplexes Optimierungsproblem, bei dem als Zielfunktion das Minimum der Gesamtkosten in dem betrachteten Zeitraum anzustreben ist [18, 19]:

$$K_G = \int_{T_1}^{T_2} \sum_{i=1}^{k} \dot{K}(P_i)\,dt \rightarrow \text{Min} \quad \text{mit} \quad k \leqq n \tag{3.1.1}$$

In der Praxis ist häufig die Einsatzhierarchie der Blöcke innerhalb eines Kraftwerkes für den kurzfristigen Einsatzplan aufgrund von durchgeführten Kostenanalysen und den vorliegenden Betriebsbedingungen fest vorgegeben. Dann sind für die Einsatzstrategie aufgrund eines neuen Sollwertes die Beschränkungen durch die von der gefahrenen Istlast abhängigen maximalen Laständerungsgeschwindigkeiten und die verbotenen Zonen infolge von Resonanzerscheinungen sowie die Betriebsbereichsgrenzen zu beachten.
Zur vereinfachten Demonstration dieses Problems wurde ein Programm entworfen, mit dem, ausgehend von der Istlast für drei Blöcke, aufgrund eines neuen Sollwertes der Gesamtleistung die erforderliche Zeit für das Anfahren eines neuen Betriebszustandes und die anzusteuernden Sollwerte für die drei Teillasten errechnet werden können.

3.2 Einsatzstrategie der Blöcke eines Kraftwerkes

Der von einem Istwert der Gesamtleistung P_0 anzusteuernde Sollwert P_s soll unter Ausnutzung der bei dem betreffenden Kessel- und Turbinenzustand maximal zulässigen Leistungsänderungsgeschwindigkeit $p_i(P_i)$ in kürzester Zeit unter Beteiligung von k Blöcken angefahren werden:

$$P(t) = P_0 + \sum_{i=1}^{k} \int_0^t p_i(P_i)\,dt \rightarrow P_s \tag{3.2.1}$$

$$P_s = P_0 + \Delta P$$

Entsprechend der vorgegebenen Hierarchie wird zunächst geprüft, ob innerhalb des Intervalls ΔT der Block 1 alleine die Leistungsanforderung befriedigen kann. Falls das Produkt aus der maximalen Leistungsänderungsgeschwindigkeit von Block 1 und dem Zeitintervall ΔT den geforderten Leistungshub ΔP nicht erreicht, wird der Block 2 ebenfalls mit maximaler Leistungsänderungsgeschwindigkeit beteiligt. Falls auch damit der geforderte Leistungshub noch nicht befriedigt werden kann, wird auch noch der Block 3 beteiligt. Damit kann ein maximaler Leistungshub ΔP_T aufgebracht werden:

$$\Delta P_T = \Delta T \cdot \sum_{i=1}^{3} p_i(P_i) = \sum_{i=1}^{3} \Delta P_{Ti} \tag{3.2.2}$$

Falls der geforderte Leistungshub ΔP den innerhalb des Zeitintervalls T maximal aufzubringende Leistungshub ΔP_T übersteigt, müssen mit jeweils neuen Leistungsänderungsgeschwindigkeiten $p_i\,(P_i + P_{Ti})$ weitere Intervalle angehängt werden, damit ΔP nach n Intervallen ΔT erreicht wird:

$$\Delta P = \sum_{j=1}^{n-1} \Delta P_{Tj} + \sum_{i=1}^{3} \Delta P_{Ti} \tag{3.2.3}$$

Die Leistungsänderungsgeschwindigkeiten werden über den Betriebsbereich mit einem Polynom zweiten Grades approximiert:

$$p_i = a_0 + a_1 P_i + a_2 P_i^2 \tag{3.2.4}$$

Für den zu übernehmenden Leistungsanteil der einzelnen Blöcke gilt:

$$\Delta P_i = \sum_{j=1}^{n-1} \Delta T \cdot p_i\,(P_{i,j}) + \Delta P_{Ti,n} \tag{3.2.5}$$

Damit wird nach n Zeitintervallen die Blockleistung P_i erreicht:

$$P_i = P_{i0} + \Delta P_i \tag{3.2.6}$$

Mit der Restriktion auf den festgelegten Betriebsbereich:

$$P_{i\,min} \leqq P_i \leqq P_{i\,max} \tag{3.2.7}$$

Als weitere Restriktion darf die Zielleistung der einzelnen Blöcke nicht in eine verbotene Leistungszone fallen, da bei diesen aus schwingungs- oder betriebstechnischen Gründen kein stationärer Betrieb gefahren werden darf:

$$P_{iu} > P_i > P_{io} \tag{3.2.8}$$

Mit ΔP_{vz} als Leistungsspanne der verbotenen Zone gilt:

$$P_{iu} > P_i > P_{iu} + \Delta P_{vz} \tag{3.2.9}$$

Mit diesen Bedingungen läßt sich ausgehend von einer Lastaufteilung P_{i0} die nach der Zeit $n \cdot \Delta T$ anzufahrende Lastaufteilung P_{i1} ermitteln und ein Taschenrechnerprogramm konzipieren, das trotz der Einschränkung auf drei Blöcke zur Demonstration einer kurzfristigen Einsatzplanerstellung dienlich sein kann.

3.3 Speicherstruktur

Das Programm benötigt arbeitspunktspezifische Daten und systemspezifische Daten. Als erstere werden die Ausgangsleistungen der Blöcke P_{10}, P_{20}, P_{30} in die Speicher STO A, STO B, STO C die verfügbare Zeit T zum Anfahren des neuen Sollstandes in STO D und die neue Soil-Leistung in STO E vor dem Programmstart abgelegt.

Als systemspezifische Daten werden die maximalen Blockleistungen $P_{i\,max}$, die unteren Grenzleistungen der verbotenen Leistungszonen P_{iu} und die Koeffizienten a_{i0}, a_{i1}, a_{i2} benötigt.

Diese werden zweckmäßigerweise über eine Datenkarte in die Primärspeicher STO 4 bis STO 9 in der Reihenfolge $P_{1\,max}, P_{2\,max}, P_{3\,max}, P_{1u}, P_{2u}, P_{3u}$ und in die Sekundärspeicher STO 1′ bis STO 9′ in der Reihenfolge $a_{10}, a_{11}, a_{12}, a_{20}, a_{21}, a_{22}, a_{30}, a_{31}, a_{32}$ eingelesen.

3.4 Ergebnisstruktur

Unmittelbar nach dem Start des Programms über Label A werden die Soll-Leistung P_s und die Ausgangsleistungen der Blöcke P_{10}, P_{20}, P_{30} sowie die Anfangs-Summenleistung P_0 ausgegeben. Falls die Soll-Leistung nicht innerhalb des Intervalls T erreichbar ist, wird ein Leistungsspiegel nach jedem Intervall T ausgegeben. Hierzu wird zunächst das aktuelle ganzzahlige Vielfache n der Intervalldauer ΔT ausgegeben. Anschließend wird die noch auszusteuernde Spanne bis zur Soll-Leistung und die aktuelle Leistungsverteilung über die drei Blöcke ausgegeben.

Zum Abschluß der Rechnung wird die benötigte Gesamtzeit als vielfaches von ΔT und die endgültige Leistungsverteilung über die drei Blöcke ausgegeben. Die verbotenen Zonen werden nur übersprungen, wenn dies innerhalb des gewählten Intervalls aufgrund der arbeitspunktabhängig errechneten maximalen Leistungsänderungsgeschwindigkeiten möglich ist. Die Beschränkungen durch die verbotenen Zonen können durch das Setzen von Flag 0 vor dem Programmstart aufgehoben werden. Nach dem Stop des Programmlaufs sind die angefahrenen Leistungswerte der Blöcke in die zugeordneten Speicher STO A, STO B und STO C abgespeichert. Nach Eingabe eines neuen Sollwertes für die Gesamtleistung in STO E kann eine weitere Blockeinsatzsimulation durch Betätigung der Starttaste A unmittelbar angeschlossen werden.

Falls dabei die Ist-Leistungen der Blöcke unverändert bleiben, werden diese als neue Ausgangsleistungen übernommen und die Ausgabe des Anfangszustandes wird unterdrückt. Dadurch wird ein listenförmiger Ausdruck für die Erstellung eines Fahrplanes zur Einsatzsteuerung der drei Blöcke erzeugt.

3.5 Programmbeschreibung „Einsatzsteuerung"

Das Programm in Tabelle 3.5.1 beginnt mit der Adresse Label A in der ersten Programmzeile. Der Sekundärspeicher STO 0' mit der absoluten Adresse I = 10 dient als Intervallzähler. Er wird in Zeile 008 gleich null gesetzt und in den Zeilen 032, 033 jeweils um eins erhöht. Die Unterprogramm-Aufrufe GSB c in den Zeilen 012, 015 und 019 dienen zur Unterdrückung der Ausgabe für die Anfangswerte gemäß dem Zustand von Flag 1 in Zeile 023. Die Verarbeitungsschleife der einzelnen Intervalle beginnt bei Label 0 in Zeile 031 und reicht bis zur Programmzeile 111. Mit Hilfe der Unterprogrammaufrufe GSB a in den Zeilen 036, 039 und 042 werden die maximalen Leistungsänderungsgeschwindigkeiten in einem Intervall gemäß der Gl. (3.2.4) für die einzelnen Blöcke ermittelt und nach Multiplikation mit der Intervalldauer T in den Zeilen 044 bis 047 die zugehörigen Leistungshübe errechnet. Diese stehen ab Zeile 048 in den Primärspeichern STO 1, STO 2 und STO 3 zur Verfügung.

Mit den Anweisungen zwischen den Zeilen 050 bis 106 werden die an jedem Intervallende angesteuerten Blockleistungen errechnet. Der den Bereichsabfragen in den Zeilen 052, 071 und 090 vorangestellte Unterprogrammaufruf GSB 6 dient zur Unterscheidung von positiven und negativen Leistungshüben. Dem Unterprogramm b wird jeweils der neue Leistungswert im X-Register und der vorherige Leistungswert im Last-X-Register übergeben. In dem Unterprogramm werden der Eintritt in eine verbotene Leistungszone nach Gl. (2.2.9) und die Bereichsgrenzen nach Gl. (2.2.7) überwacht.

Über die RCL(i) Anweisung in Zeile 160 wird die jeweilige untere Leistungsgrenze der verbotenen Zone abgerufen. Die Breite der Zonen ist in den Zeilen 165 und 166 mit 50 MW festgesetzt. Die Anwahl der verbotenen Leistungszone ist mit Programmzeile 172 abgeschlossen. An dieser Stelle steht entweder die neue Blockleistung im Y-Register oder beide Register enthalten die vorherige

Tabelle 3.5.1 Anweisungsliste „Einsatzsteuerung"

	Schritt	Anweisung
Start	001	*LBLA
	002	CF2
	003	SF1
	004	1
	005	0
	006	STOI
	007	0
	008	STOi
	009	RCLE
	010	RCLA
	011	RCL1
	012	GSBc
	013	RCLB
	014	RCL2
	015	GSBc
	016	+
	017	RCLC
	018	RCL3
	019	GSBc
	020	+
	021	-
	022	STO0
	023	F1?
	024	GTO0
	025	RCLE
	026	PRTX ⇒ P_s
	027	SPC
	028	GSBe
	029	PRTX ⇒ P_o
	030	SPC
	031	*LBL0
	032	1
	033	ST+i
	034	ISZI
	035	RCLA
	036	GSBa
	037	STO1
	038	RCLB
	039	GSBa
	040	STO2
	041	RCLC
	042	GSBa
	043	STO3
	044	RCLD
	045	ST×1
	046	ST×2
	047	ST×3
	048	6
	049	STOI
	050	RCL1
	051	GSB6
	052	X>Y?
	053	GTO1
	054	RCL0
	055	RCLA
	056	+
	057	GSBb
	058	STOA
	059	F2?
	060	GTO4
	061	GTO2
	062	*LBL1
	063	RCL1
	064	RCLA
	065	+
	066	GSBb
	067	STOA
	068	*LBL2
	069	RCL2
	070	GSB6
	071	X>Y?
	072	GTO2
	073	RCL0
	074	RCLB
	075	+
	076	GSBb
	077	STOB
	078	F2?
	079	GTO4
	080	GTO3
	081	*LBL2
	082	RCL2
	083	RCLB
	084	+
	085	GSBb
	086	STOB
	087	*LBL3
	088	RCL3
	089	GSB6
	090	X>Y?
	091	GTO3
	092	RCL0
	093	RCLC
	094	+
	095	GSBb
	096	STOC
	097	F2?
	098	GTO4
	099	GTO5
	100	*LBL3
	101	RCL3
	102	RCLC
	103	+
	104	GSBb
	105	STOC
	106	*LBL5
	107	GSB7
	108	RCL0
	109	PRTX ⇒ ΔP_s
	110	GSBe
	111	GTO0
	112	*LBL4
	113	GSB7
	114	GSBe
	115	SPC
	116	R/S
UP	117	*LBL6
	118	ISZI
	119	RCL0
	120	X<0?
	121	X⇄Y
	122	RTN
UP	123	*LBL7
	124	1
	125	0
	126	STOI
	127	RCLi
	128	RCLD
	129	×
	130	PRTX ⇒ ΔT
	131	RTN
UP	132	*LBLa
	133	RCLi
	134	X⇄Y
	135	ISZI
	136	RCLi
	137	X⇄Y
	138	×
	139	LSTX
	140	X²
	141	ISZI
	142	RCLi
	143	×
	144	+
	145	+
	146	RCL0
	147	X>0?
	148	GTO1
	149	R↓
	150	CHS
	151	GTO2
	152	*LBL1
	153	R↓
	154	*LBL2
	155	ISZI
	156	RTN
UP	157	*LBLb
	158	LSTX
	159	X⇄Y
	160	RCLi
	161	X>Y?
	162	GTO1
	163	F0?
	164	GTO1
	165	5
	166	0
	167	÷
	168	X≤Y?
	169	GTO1
	170	R↓
	171	*LBL1
	172	R↓
	173	X⇄I
	174	3
	175	-
	176	X⇄I
	177	RCLi
	178	1
	179	0
	180	÷
	181	X≤Y?
	182	GTO2
	183	X⇄Y
	184	*LBL2
	185	R↓
	186	RCLi
	187	X≤Y?
	188	X⇄Y
	189	R↓
	190	X⇄I
	191	3
	192	+
	193	X⇄I
	194	-
	195	ST+0
	196	LSTX
	197	RCL0
	198	X=0?
	199	SF2
	200	X⇄Y
	201	RTN
UP	202	*LBLc
	203	X≠Y?
	204	CF1
	205	R↓
	206	RTN
UP	207	*LBLe
	208	RCLA
	209	STO1
	210	PRTX ⇒ P_A
	211	RCLB
	212	STO2
	213	PRTX ⇒ P_B
	214	RCLC
	215	STO3
	216	PRTX ⇒ P_C
	217	SPC
	218	+
	219	+
	220	RTN

Blockleistung. Anschließend wird der Inhalt des X-Registers auf die Betriebsbereichsgrenzen überprüft. Als untere Betriebsbereichsgrenze wird im Programm in den Zeilen 178 bis 180 1/10 des Wertes der abgespeicherten oberen Betriebsbereichsgrenze gesetzt. Das Flag 2 wird zu Ende des Unterprogramms in Zeile 199 dann gesetzt, wenn der Leistungs-Sollwert erreicht ist, d.h. der Inhalt von STO 0 null geworden ist. Die noch verbleibende Differenz zum Sollwert der Leistungsabgabe wird in Zeile 109 ausgegeben.

Falls der Sollwert erreicht wurde, wird über die Flag-2-Abfrage die Programmschleife mit einem Sprung nach Label 4 in Zeile 112 verlassen. Die aktuellen Blockleistungen werden schließlich mit dem Unterprogramm Label e ausgegeben. Mit dem logischen Programmende in Zeile 116 erscheint der neue Istwert der Gesamtleistung in der Anzeige.

3.6 Test- und Anwendungsbeispiel

Ausgehend von einem Leistungs-Istwert P_i = 700 MW mit den Blockleistungen P_A = 400 MW in STO A, P_B = 200 MW in STO B und P_C = 100 MW in STO C soll eine Einsatzsteuerung bei folgenden Daten dargestellt werden:

Leistungsgrenzen: $P_{A\,max}$ = 600 MW in STO 4
$P_{B\,max}$ = 600 MW in STO 5
$P_{C\,max}$ = 300 MW in STO 6

Untere Leistungsgrenzen der verbotenen Leistungszonen:

P_{Au} = 400 MW in STO 7
P_{Bu} = 300 MW in STO 8
P_{Cu} = 150 MW in STO 9

Für die auf eine Intervalleinheit bezogenen Leistungsänderungsgeschwindigkeiten gilt:

$P_A = -8 + 0{,}15\,P - 2{,}0 \cdot 10^{-4} P^2$
$P_B = -9 + 0{,}16\,P - 2{,}167 \cdot 10^{-4} P^2$
$P_C = 10$

abgespeichert in den Sekundärspeichern:

P_A		P_B		P_C	
STO 1':	−8	STO 4':	−9	STO 7':	10
STO 2':	0,15	STO 5':	0,16	STO 8':	0
STO 3':	$-2 \cdot 10^{-4}$	STO 6':	$-2{,}167 \cdot 10^{-4}$	STO 9':	0

Nach jeweils fünf Intervallen soll ein Ergebniszustand ausgegeben werden:

5 STO D

Der erste Steuerzyklus soll zu einer Gesamtleistungsabgabe von 1000 MW führen:

1000 STO E

Nach Eingabe der Anfangswerte für die Ist-Leistungen, der Intervalldauer bezogen auf die Zeiteinheit der Leistungsänderungsgeschwindigkeiten und dem Sollwert der Leistungsabgabe in die Speicher STO A bis STO E wird das Programm durch Betätigung der Taste A gestartet.

Innerhalb der folgenden 50 Sekunden werden zwei Berechnungszyklen, also zehn Intervalleinheiten ΔT berechnet und die Ergebnisse ausgegeben.

Nach Änderung des Sollwertes auf 1500 MW würde sich nach dem 4. Berechnungszyklus der gleiche Ausdruck wiederholen, da der Block C an der unteren verbotenen Leistungszone, die von 150 MW bis 200 MW reicht, festliegt. Nach Betätigung der R/S-Taste ist daher in STO C ein neuer Istwert oberhalb der verbotenen Leistungszone z.B. 200 MW einzugeben. Mit diesem neuen Anfangswert wird der neue Sollwert nach zwei weiteren Berechnungszyklen erreicht.

Wird nun der Sollwert für die gesamte Leistungsabgabe wieder verringert, z.B. auf 1000 MW, so wird gemäß der vorausgesetzten Priorität zunächst der Block A in der Leistungsabgabe heruntergefahren. Da dies innerhalb des ersten Berechnungszyklus noch nicht ausreicht, werden auch die Leistungen von Block B und Block C abgesenkt. Nach drei weiteren Berechnungszyklen ist wiederum der neue Sollwert erreicht.

Bei einem weiteren Absenken des Sollwertes für die Gesamtleistung auf 500 MW würde sowohl der Block B als auch der Block C an der oberen Leistungsgrenze der jeweiligen verbotenen Zone fest liegen bleiben, so daß der gesamte Leistungshub von Block A herunterzufahren wäre. Dies ist unter den vorgegebenen Randbedingungen jedoch nicht möglich, da Block A nach 7 Berechnungszyklen entsprechend 35 Intervalleinheiten die Grenze minimal zulässiger Leistungsabgaben von 60 MW erreichen würde und ein Fehlbetrag zum Sollwert von 169,6 MW übrig bliebe.

Um dies zu vermeiden, können nach Betätigung der R/S-Taste die Istwerte der Leistungen von Block B und C unterhalb der verbotenen Zonen eingegeben werden.

Nachfolgend ist der Ergebnisausdruck der beschriebenen Simulation einer Block-Einsatzsteuerung angegeben.

In den Bildern 3.1.1 und 3.1.2 sind die daraus sich ergebenden Ganglinien des Sollwertes für die Gesamtleistung und die Istwerte der Leistungen für das beschriebene Beispiel aufgetragen.

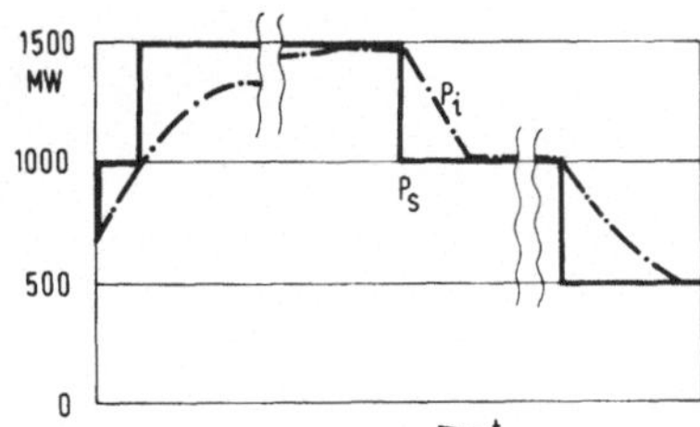

Bild 3.6.1 Soll- und Ist-Leistungen der Gesamtabgabe

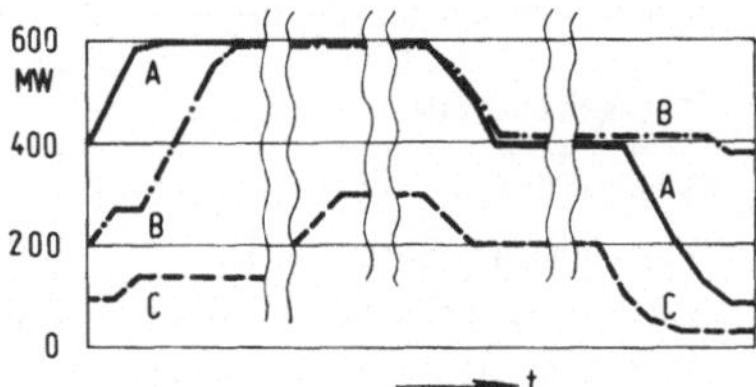

Bild 3.6.2 Istwerte der Blockleistungen

Ergebnisse einer Block-Einsatzsteuerung für drei Blöcke:

Programmstart [A]:

Sollwert der Gesamtleistung	1.000 MW
Ausgangsleistung Block A	400 MW
Ausgangsleistung Block B	200 MW
Ausgangsleistung Block C	100 MW
Istwert der Gesamtleistung	700 MW

Angefahrene Leistungen nach je fünf Intervalleinheiten:

Intervalleinheiten n	5	10
Abweichung vom Sollwert [MW]	128	0
Blockleistung Block A [MW]	500	585
Blockleistung Block B [MW]	272	272
Blockleistung Block C [MW]	100	143

Selbsttätiger Programmstop mit dem Testwert 1.000 MW

Neuer Sollwert 1.500 MW : 1.500 STO E

Start [A]:

Intervalleinheiten n	5	10	15	20	...
Abweichung vom Sollwert [MW]	393	290	198	156	...
Blockleistung Block A [MW]	600	600	600	600	...
Blockleistung Block B [MW]	364	467	559	600	...
Blockleistung Block C [MW]	143	143	143	143	...

Programmstop durch Betätigung der R/S-Taste

Der Block C soll auf 200 MW gefahren werden. Hierzu wird der neue Istwert für diesen Block eingegeben durch 200 STO C

Start [A]:

Sollwert der Gesamtleistung	1.500 MW
Ausgangsleistung Block A	600 MW
Ausgangsleistung Block B	600 MW
Ausgangsleistung Block C	200 MW
Istwert der Gesamtleistung	1.400 MW

Intervalleinheiten n	5	10
Abweichung vom Sollwert [MW]	50	0
Blockleistung Block A [MW]	600	600
Blockleistung Block B [MW]	600	600
Blockleistung Block C [MW]	250	300

Selbsttätiger Programmstop mit dem Istwert 1.500 MW

Neuer Sollwert 1.000 MW : 1.000 STO E

Start [A]:

Intervalleinheiten n	5	10	15
Abweichung vom Sollwert [MW]	–355	–170	0
Blockleistung Block A [MW]	550	480	390
Blockleistung Block B [MW]	555	490	410
Blockleistung Block C [MW]	250	200	200

Selbsttätiger Programmstop mit dem Istwert 1.000 MW

Neuer Sollwert 500 MW : 500 STO E

Start [A]:

Intervalleinheiten n	5	10	15	20	25	...
Abweichung vom Sollwert [MW]	–400	–306	–237	–198	–179	
Blockleistung Block A [MW]	290	197	128	88	70	
Blockleistung Block B [MW]	410	410	410	410	410	
Blockleistung Block C [MW]	200	200	200	200	200	

4 Elektrizitätswirtschaft

4.1 Vorbemerkung

In der elektrischen Energieversorgung ist die Kostenstruktur durch besonders kapitalintensive Investitionen gekennzeichnet. Die auf langfristige Nutzung ausgelegten Erzeugungs-, Übertragungs- und Verteilungsanlagen sind auf die bereitzustellende Leistung abgestimmt. Für den Erzeugungsprozeß der elektrischen Energie sind Primärenergieträger erforderlich, deren Verbrauch in einem direkten Zusammenhang mit der abgegebenen elektrischen Arbeit steht. Aus diesen physikalischen Gegebenheiten ergeben sich für die Preisbildung der elektrischen Energie die beiden Bezugsgrößen Leistung und Arbeit. Die preisliche Wichtung dieser beiden Größen hängt von vielen Faktoren ab, die sich im Tarifgefüge der EVU's widerspiegeln. Das allen Tarifen und Strompreisregelungen gemeinsame Grundmerkmal ist einerseits ein ggfs. leistungsbezogener Festkostenanteil und ein arbeitsbezogener beweglicher Kostenanteil [20].

Im folgenden werden für die beiden Versorgungsmöglichkeiten auf der Basis „Allgemeine Tarife" oder „Sondervertrag" die allgemein üblichen Strompreisgrundlagen – soweit die einzelnen Bestimmungen für die Programmierung von Bedeutung sind – dargelegt, Programme für die Strompreisberechnung angegeben und ihre Anwendung anhand von Beispielen erläutert. Die hier verwendeten Daten dienen nur zur quantitativen Rechnungsverfolgung und haben keinen Bezug zu den strukturell bedingten Preisen der Versorgungsunternehmen.

4.2 Allgemeine Tarife [21]

Kennzeichnend für die Tarife ist der *Arbeitspreis,* der für jede vom Kunden bezogene Kilowattstunde (kWh) zu bezahlen ist.

Dazu tritt bei den Grundpreistarifen der *Grundpreis,* bestehend aus *Bereitstellungspreis* und *Verrechnungspreis,* beim Kleinverbrauchstarif sowie beim Schwachlasttarif der *Verrechnungspreis;* Bereitstellungspreis und Verrechnungspreis werden für den Zeitraum eines Abrechnungsjahres gebildet.

Der Bereitstellungspreis richtet sich im wesentlichen

- beim Haushaltbedarf
  nach der Anzahl der Räume,
- beim landwirtschaftlichen Betriebsbedarf
  nach der landwirtschaftlich genutzten Fläche,
- beim gewerblichen, beruflichen und sonstigen Bedarf
  nach dem Anschlußwert.

Bei verschiedenem Bedarf in einer Kundenanlage (z.B. Haushaltbedarf und gewerblicher Bedarf) ist für jede Bedarfsart der zugehörige Bereitstellungspreis zu bezahlen.

Der Verrechnungspreis richtet sich nach der erforderlichen Art und Anzahl der Meß- und Schalteinrichtungen.

Die Anwendung einer programmierten Strompreisberechnung ist im Rahmen der Tarifberatung nützlich, da alle Tarifkonstanten für die Grundpreistarife über eine Datenkarte als Festwerte abgerufen werden können und der Berater lediglich die kundenspezifischen Daten, wie Anzahl der Räume, Verbrauchsmenge und Verrechnungspreis vor dem Programmstart eingeben muß. Es können dann beide Tarifvarianten durchgerechnet und die Schwelle für den preisgünstigsten Tarif ermittelt werden.

Die Speicherplatzzuordnung ist in der nachfolgenden Zusammenstellung der Grundpreistarife angegeben.

4.2.1 Berechnungsgrundlage

1 Grundpreistarife

Das Entgelt wird errechnet aus dem Arbeitspreis für die bezogenen Kilowattstunden nach Ziffer 1.1 aus dem zugehörigen Bereitstellungspreis für die jeweilige Bedarfsart nach Ziffer 1.2 sowie aus dem Verrechnungspreis nach Ziffer 1.3.

		Tarif I	Speicher	Tarif II	Speicher
1.1	*Arbeitspreise*				
	je Kilowattstunde (kWh)	13,0 Pf	STO 0	10,0 Pf	STO 0'
1.2	*Bereitstellungspreise* je Abrechnungsjahr				
1.2.1	für Haushaltbedarf				
	für die ersten zwei Tarifräume	DM 55,20	STO 1	DM 109,20	STO 1'
	für jeden weiteren Tarifraum	DM 10,20	STO 2	DM 20,40	STO 2'
	Zuschlag für Verbrauchseinrichtungen zur Heizung oder Klimatisierung für je 0,1 Tarif kW	DM 16,20	STO 3	DM 31,20	STO 3'
1.2.2	für landwirtschaftlichen Betriebsbedarf				
	für die ersten fünf Tarif-ha	DM 60,00	STO 4	DM 100,80	STO 4'
	für jedes weitere 0,5 Tarif-ha	DM 6,00	STO 5	DM 10,08	STO 5'
	Zuschlag für Überanschlußwerte für je 0,1 Tarif-kW	DM 16,80	STO 6	DM 33,60	STO 6'
1.2.3	für gewerblichen, beruflichen und sonstigen Bedarf				
	– bei Beleuchtungsanlagen für je 0,1 Tarif-kW	DM 27,60	STO 7	DM 40,80	STO 7'
	– bei anderen Anlagen für je 0,5 Tarif-kW	DM 85,80	STO 8	DM 160,80	STO 8'
1.2.4	bei Ausschluß der Bereitstellungspreise nach den Ziffern 1.2.1, 1.2.2 und 1.2.3 für Bedarfsfälle oberhalb des normalen Tarifkundenbereichs für je 0,1 kW der Jahresverrechnungsleistung	DM 21,00	STO 9	DM 34,80	STO 9'

1.3 *Verrechnungspreise*

je Abrechnungsjahr und Wechselstromzähler	DM 18,00	Der infrage kommende Betrag ist in STO D abgespeichert.
Drehstromzähler	DM 27,60	
Drehstrom-Zweitarifzähler	DM 30,00	
Drehstrom-Maximumzähler	DM 72,00	
Stromwandlersatz	DM 42,00	
Tarifschaltung	DM 24,00	

2 Kleinverbrauchstarif

Das Entgelt wird errechnet aus
- dem Arbeitspreis je Kilowattstunde (kWh) 36 Pf
  und
- dem Verrechnungspreis nach Ziffer 1.3

3 Schwachlasttarif

nur als Ergänzung zu den Grundpreistarifen bzw. zum Kleinverbrauchstarif für Verbrauchseinrichtungen, die ausschließlich in der Schwachlastzeit betrieben werden;

Das Entgelt wird errechnet aus
- dem Arbeitspreis je Kilowattstunde (kWh) 8,0 Pf
  und
- einem zusätzlichen Verrechnungspreis nach Ziffer 1.3 für die getrennte Verbrauchsmessung und für die Tarifschaltung.

Da bereits alle Speicher im Primär- und Sekundärbereich belegt sind, werden die beiden Werte 0,36 DM/kWh und 0,08 DM/kWh als Programmanweisungen eingebaut.

Das Entgelt (vor Umsatzsteuer) erhöht sich um die jeweilige Ausgleichsabgabe zur Sicherung der Elektrizitätsversorgung nach dem Dritten Verstromungsgesetz (Gesetz über die weitere Sicherung des Einsatzes von Gemeinschaftskohle in der Elektrizitätswirtschaft).

Auch hier ist der für den Anwender gültige Satz a (in Prozent) als Programmanweisung einzubauen. Zusätzlich wird die Umsatzsteuer (Mehrwertsteuer) in der jeweils gesetzlich festgelegten Höhe m (in Prozent) in Rechnung gestellt.

Für die Stromkosten nach den Grundpreistarifen gilt:

$$K = (K_V + K_B + p_A \cdot V) \left(1 + \frac{a}{100}\right) \left(1 + \frac{m}{100}\right) \qquad (4.2.1)$$

Die Verbrauchsschwelle für minimale Kosten zwischen den Tarifen I und II ergibt sich zu

$$V_G = \frac{K_{B2} - K_{B1}}{p_{A1} - p_{A2}} \qquad (4.2.2)$$

Aufgrund der Änderung der Bundestarifordnung Elektrizität zum 01.04.1980 enthalten die Allgemeinen Tarife eine lineare Komponente nach folgender Maßgabe:

> Wird der Stromverbrauch für den Haushalt nach Tarif II abgerechnet, so darf der Jahres-Durchschnittspreis je kWh – d.h. die Summe aus Bereitstellungspreis und Arbeitspreis bezogen auf den Jahres-Stromverbrauch – die Höhe des Arbeitspreises des Tarifes I nicht unterschreiten; ansonsten ist daher der Jahres-Stromverbrauch zu einem Preis je kWh in Höhe des Arbeitspreises des Tarifes I und außerdem der Verrechnungspreis zu bezahlen.

Für den Jahresdurchschnittspreis gilt bei Abrechnung nach Tarif II:

$$p_{\varnothing} = \frac{K_{B2} + Vp_{A2}}{V} = \frac{K_{B2}}{V} + p_{A2} \qquad (4.2.3)$$

Dieser Durchschnittspreis darf den Arbeitspreis nach Tarif I p_{A1} nicht unterschreiten

$$p_{\varnothing} \geqq p_{A1} \qquad (4.2.4)$$

Mit den Gln. (4.2.3 u. 4.2.4) läßt sich ein verbrauchsabhängiger Bereitstellungspreis K^*_{B2} angeben:

$$K^*_{B2} \geqq V\,(p_{A1} - p_{A2}) \qquad (4.2.5)$$

Für die Verrechnung gilt:

$$K^*_{B2} = \begin{cases} K_{B2} & \text{falls } K_{B2} \geqq V\,(p_{A1} - p_{A2}) \\ V\,(p_{A1} - p_{A2}) & \text{falls } K_{B2} < V\,(p_{A1} - p_{A2}) \end{cases} \qquad (4.2.6)$$

4.2.2 Programmbeschreibung „Allgemeine Tarife"

In dem Programm „Allgemeine Tarife" ist die Strompreisberechnung für Haushaltsbedarf, landwirtschaftlichen Betriebsbedarf, gewerblichen Betriebsbedarf, Kleinverbrauch und Zusatzbedarf nach dem Schwachlasttarif vorgesehen. Die Strompreisberechnung für den Haushaltsbedarf wird bei Tarif I mit Label A in Programmzeile 009 und bei Tarif II mit Label a in Zeile 001 gestartet. Für den Gewerbebedarf sind die Startadressen Label B für Tarif I in Zeile 013 und Label b für Tarif II in Zeile 004 vorgesehen. Für beide Verbrauchsarten sind folgende Eingaben erforderlich:

STO A:	Verbrauch in kWh
STO B:	Anzahl der Räume bzw. Tarif-ha
STO C:	Zusätzliche Tarif-kW
STO D:	Verrechnungspreis in DM

Bei der Berechnung für Gewerbebedarf wird als Merkmal das Flag 0 durch die Anweisungen in den Zeilen 005 und 014 gesetzt. In Abhängigkeit von Flag 0 wird in dem Unterprogramm Label e in den Zeilen 062 bis 065 die indirekte Adressierung für die Berechnung der Bereitstellungspreise für beide Tarifvarianten vorbereitet.

In der Zeile 017 wird durch den Unterprogrammaufruf GSB 8 die Auswahl des Speicherbereichs vorgenommen. Hierzu wird durch die Anweisung RCL 5 der in STO 5 abgespeicherte Wert in das X Register geholt und anschließend mit dem gesetzten Wert 6 verglichen. Falls die beiden Werte ungleich sind, wird ein Austausch der Primär- und Sekundärregister vorgenommen. Damit wird eine eindeutige Zuordnung der über Datenkarte eingelesenen Daten für den Primär- und Sekundärbereich erreicht. Falls der im Primärregister STO 5 abgespeicherte Wert geändert wird, muß der neue Wert auch als Programmanweisung an Stelle des Wertes 6 in Zeile 139 korrigiert werden.

Die Gesamtkosten einschließlich der Zuschläge der Ausgleichsabgabe nach dem Dritten Verstromungsgesetz und der Mehrwertsteuer auf die Gesamtkosten werden in dem Unterprogramm Label 7 von Zeile 212 bis 224 errechnet. Für die Ausgabe der Ergebnisse ist das Unterprogramm Label 6 von Zeile 175 bis 199 vorgesehen.

Die lineare Komponente in Tarif II wird in dem Unterprogramm Label 9 ab Zeile 200 bis Zeile 211 durch Anwendung der Gl. (4.2.6) berücksichtigt.

Als Zwischenergebnisse der Rechnung werden folgende Werte in kurzen Pausen angezeigt:

1. kurze Pause: Bereitstellungspreis für Räume bzw. Tarif-ha in DM
2. kurze Pause: Bereitstellungspreis für zusätzliche Verbrauchseinrichtungen bzw. für andere Anlagen in DM

Anschließend werden folgende Ergebnisse angezeigt bzw. ausgedruckt:

3. Anzeige bzw. Ausdruck: Bei Tarif II ggfs. neuer Bereitstellungspreis in DM entsprechend der linearen Komponente
4. Anzeige bzw. Ausdruck: Kosten für Grundpreisberechnung in DM
5. Anzeige bzw. Ausdruck: Kosten für Arbeitspreisberechnung in DM
6. Anzeige bzw. Ausdruck: Gesamtkosten in DM
7. Anzeige bzw. Ausdruck: Gesamtkosten in DM einschließlich Ausgleichsabgabe und Mehrwertsteuer in DM
8. Anzeige bzw. Ausdruck: Durchschnittspreis in DM/kWh

Nach Betätigung der R/S-Taste können noch folgende Werte abgerufen werden:

9. Anzeige: Schwelle in kWh zwischen Tarif I und Tarif II
10. Anzeige: Angabe welcher Tarif für den eingegebenen Verbrauch am günstigsten ist (Tarif I: 111 ..., Tarif II: 222 ...)

Die Gesamtkosten werden nach jedem Programmlauf in Speicher E aufaddiert. Für Kunden mit mehreren Bedarfsarten können die Gesamtkosten daher von STO E abgerufen werden. Der Inhalt von STO E muß dann vor Beginn der Berechnung Null gesetzt werden.

Zur Berechnung der Kosten für den gewerblichen, beruflichen und sonstigen Bedarf kann das Programm bei Tarif I über Label C in Zeile 099 und bei Tarif II über Label c in Zeile 096 gestartet werden. Hierzu sind folgende Eingaben erforderlich:

STO A: Verbrauch in kWh
STO B: Tarif-kW für Beleuchtungsanlagen
STO C: Tarif-kW für andere Anlagen
STO D: Verrechnungspreis in DM

Für die Anzeige der Ergebnisse wird ebenso wie für Haushalt- und landwirtschaftlichen Bedarf das Unterprogramm mit der Anfangsadresse Label 6 ab Zeile 175 aufgerufen.

Die Gesamtkosten für den Verbrauch nach dem Kleinverbrauchtarif können durch den Programmstart über Label D in Zeile 146 ermittelt werden. Hierbei werden folgende Ergebnisse ausgegeben:

1. Anzeige bzw. Ausdruck: Kosten für Arbeitspreisberechnung in DM
2. kurze Pause: Verrechnungspreis in DM
3. Anzeige bzw. Ausdruck: Gesamtkosten in DM
4. Anzeige bzw. Ausdruck: Gesamtkosten einschließlich Ausgleichsabgabe und Mehrwertsteuer in DM
5. Anzeige: Gesamtkosten einschließlich Inhalt von STO E

Durch Start über Label E in Zeile 162 können die Gesamtkosten für Abnahmen zu dem Schwachlasttarif ermittelt werden. Als Ergebnis werden die Kosten für die Arbeitspreisberechnung vor und nach dem Zuschlag von Ausgleichsabgabe und Mehrwertsteuer ausgegeben. Nach Beendigung des Programms werden die Arbeitskosten zum Inhalt von Speicher STO E aufaddiert und angezeigt.

Tabelle 4.2.1 Anweisungsliste „Allgemeine Tarife"

```
Start HII 001 *LBLa
          002 CF0
          003 GTO0
Start LII 004 *LBLb
          005 SF0
          006 *LBL0
          007 SF1
          008 GTO1
Start HI  009 *LBLA
          010 CF0
          011 CF1
          012 GTO1
Start L1  013 *LBLB
          014 SF0
          015 CF1
          016 *LBL1
          017 GSB8
          018 GSBe
          019 PSE ⇒ K_B
          020 RCLC
          021 1
          022 0
          023 x
          024 ISZI
          025 RCL i
          026 GSB6
          027 R/S
UP        028 GSBe
          029 P⇄S
          030 GSBe
          031 -
          032 RCL0
          033 P⇄S
        → 034 *LBLd
          035 RCL0
          036 -
          037 ÷
          038 ABS
          039 DSP0
          040 RTN ⇒ V_G
          041 RCLA
          042 X>Y?
          043 GTO2
          044 EEX
          045 9
          046 ENT↑
          047 9
          048 ÷
          049 R/S ⇒ 111...
          050 *LBL2
          051 EEX
          052 9
          053 ENT↑
          054 9
          055 ÷
          056 2
          057 x
          058 R/S ⇒ 222...
UP        059 *LBLe
          060 ENT↑
          061 ENT↑
          062 2
          063 F0?
          064 5
          065 STOI
          066 R↓
          067 R↓
          068 RCL i
          069 RCLB
          070 2
          071 F0?
          072 GTO3
          073 R↓
          074 1
          075 *LBL3
          076 x
          077 1
          078 0
          079 F0?
          080 GTO4
          081 R↓
          082 2
          083 *LBL4
          084 -
          085 X>0?
          086 GTO0
          087 R↓
          088 0
          089 *LBL0
          090 x
          091 DSZI
          092 RCL i
          093 +
          094 ISZI
          095 RTN
Start GII 096 *LBLc
          097 SF1
          098 GTO0
Start GI  099 *LBLC
          100 CF1
          101 *LBL0
          102 GSB8
          103 RCL7
          104 RCLB
          105 1
          106 0
          107 x
          108 x
          109 PSE ⇒ K_B
          110 RCL8
          111 RCLC
          112 2
          113 x
          114 GSB6
          115 R/S ⇒ p_Φ
          116 RCL0
          117 RCL7
          118 RCL8
          119 P⇄S
          120 RCL8
          121 -
          122 RCLC
          123 x
          124 2
          125 x
          126 X⇄Y
          127 RCL7
          128 -
          129 RCLB
          130 x
          131 1
          132 0
          133 x
          134 +
          135 X⇄Y
          136 GTOd →
UP        137 *LBL8
          138 RCL5
          139 6
          140 X≠Y?
          141 P⇄S
          142 F1?
          143 P⇄S
          144 DSP2
          145 RTN
Start K   146 *LBLD
          147 DSP2
          148 RCLA
          149 .
          150 3
          151 6
          152 x
          153 PRTX ⇒ K_A
          154 RCLD
          155 PSE ⇒ K_v
          156 +
          157 GSB7
          158 RCLE
          159 +
          160 STOE
          161 R/S ⇒ K_S
Start S   162 *LBLE
          163 DSP2
          164 RCLA
          165 .
          166 0
          167 8
          168 0
          169 x
          170 GSB7
          171 RCLE
          172 +
          173 STOE
          174 R/S ⇒ K_S
UP        175 *LBL6
          176 x
          177 PSE ⇒ K_Bz
          178 +
          179 F1?
          180 GSB9
          181 RCLD
          182 +
          183 PRTX ⇒ K_G1
          184 RCL0
          185 RCLA
          186 x
          187 PRTX ⇒ K_A
          188 +
          189 SPC
          190 GSB7
          191 RCLE
          192 X⇄Y
          193 +
          194 STOE
          195 LSTX
          196 RCLA
          197 ÷
          198 DSP4
          199 RTN ⇒ p_Φ
UP        200 *LBL9
          201 P⇄S
          202 RCL0
          203 P⇄S
          204 RCL0
          205 -
          206 RCLA
          207 x
          208 X≤Y?
          209 X⇄Y
          210 PRTX ⇒ K_B
          211 RTN
UP        212 *LBL7
          213 PRTX ⇒ K_G2
          214 5
          215 .
          216 3
          217 %
          218 +
          219 1
          220 3
          221 %
          222 +
          223 PRTX ⇒ K_G3
          224 RTN
```

Die Arbeitspreise für den Kleinverbrauchstarif und für den Schwachlasttarif sind als Festwerte im Programm enthalten. Bei Tarif- oder Gesetzesänderungen sind diese Werte entsprechend anzupassen Der Schwachlasttarif ist mit dem Wert 0,080 $\frac{\text{DM}}{\text{kWh}}$ in den Zeilen 165 bis 168 und der Kleinverbrauchstarif mit 0,36 $\frac{\text{DM}}{\text{kWh}}$ in den Zeilen 149 bis 151 programmiert. Ebenso ist der Prozentsatz für die Ausgleichsabgabe mit 5,3 % in den Zeilen 214 bis 216 und der Prozentsatz für die Mehrwertsteuer in den Zeilen 219 und 220 programmiert.

Alle übrigen Tarifkonstanten sind auf einer Datenkarte abgespeichert und ggfs. dort zu ändern. Das nachfolgend angegebene Programm benötigt insgesamt 224 Anweisungszeilen. Die Rechenzeit für eine Tarifvariante beträgt rund 20 Sekunden.

4.2.3 Test- und Anwendungsbeispiel

Eingabedaten für Haushaltbedarf

Jahresstromverbrauch	5000 kWh	in STO A
Tarifräume	4	in STO B
Zusätzliche Tarif-kW	0	in STO C
Verrechnungspreis	27,60 DM	in STO D

Start [f] [a] (d.h. Tarif II)

Ergebnisse:

1.	kurze Pause:	Bereitstellungspreis für Räume	150,00 DM
2.	kurze Pause:	Bereitstellungspreis für zusätzliche kW	0,00 DM
3.	lange Pause:	Grundpreis	177,60 DM
4.	lange Pause:	Arbeitspreis	500,00 DM
5.	lange Pause:	Gesamtkosten	677,60 DM
6.	lange Pause:	Gesamtkosten einschl. Ausgleichsabgabe und Mehrwertsteuer[1)]	806,27 DM
7.	Stop:	Durchschnittspreis	0,1613 $\frac{\text{DM}}{\text{kWh}}$
8.	Nach R/S Stop:	Schwelle Tarif I/Tarif II	2480 kWh
9.	Nach R/S Stop:	Ausgabe günstigster Tarif	222222222

Rechenzeit rd. 20 Sekunden

Bei einem Jahresstromverbrauch von 10.000 kWh (10.000 STO A) werden nach dem Start [f] [a] für Tarif II folgende Werte ausgegeben:

1.	kurze Pause:	Bereitstellungspreis für Räume	150,00 DM
2.	kurze Pause:	Bereitstellungspreis für zusätzliche kW	0,00 DM
3.	lange Pause bzw. Ausdruck:	Bereitstellungspreis unter Berücksichtigung der linearen Komponente	300,00 DM
4.	lange Pause bzw. Ausdruck:	Grundpreis	327,60 DM
5.	lange Pause bzw. Ausdruck:	Arbeitspreis	1.000,00 DM
6.	lange Pause bzw. Ausdruck:	Gesamtkosten	1.327,60 DM
7.	lange Pause bzw. Ausdruck:	Gesamtkosten einschließlich Ausgleichsabgabe und Mehrwertsteuer[1)]	1.579,60 DM

---

1) Gültig für 5,3 % Ausgleichsabgabe und 13 % Mehrwertsteuer

8.	Stop:	Durchschnittspreis	0,1580 $\frac{DM}{kWh}$
9.	Nach R/S Stop:	Schwelle Tarif I/Tarif II	2480 kWh
10.	Nach R/S Stop:	Ausgabe günstigster Tarif	222222222

Eingabedaten für beruflichen Bedarf

Jahresstrombedarf	10000 kWh	in STO A
Beleuchtungsanlagen	1,0 kW	in STO B
andere Anlagen	2,0 kW	in STO C
Verrechnungspreis	27,60 DM	in STO D

Start [C] (d.h. Tarif I)

Ergebnisse:

1.	kurze Pause:	Bereitstellungspreis für Beleuchtungsanlagen	276,00 DM
2.	kurze Pause:	Bereitstellungspreis für andere Anlagen	343,20 DM
3.	lange Pause bzw. Ausdruck:	Grundpreis	646,80 DM
4.	lange Pause bzw. Ausdruck:	Arbeitspreis	1.300,00 DM
5.	lange Pause bzw. Ausdruck:	Gesamtkosten	1.946,80 DM
6.	lange Pause bzw. Ausdruck:	Gesamtkosten einschließlich Ausgleichsabgabe und Mehrwertsteuer[1]	2.316,48 DM
7.	Stop:	Durchschnittspreis	0,2316 $\frac{DM}{kWh}$
8.	Nach R/S Stop:	Schwelle Tarif I/Tarif II	14400 kWh
9.	Nach R/S Stop:	Ausgabe günstigster Tarif	111111111

Für diesen Fall werden bei einem Jahresstromverbrauch von 40.000 kWh (40.000 STO A) folgende Werte ausgegeben (Start: [f] [c]):

1.	kurze Pause:	Bereitstellungspreis für Beleuchtungsanlagen	408,00 DM
2.	kurze Pause:	Bereitstellungspreis für andere Anlagen	643,20 DM
3.	lange Pause bzw. Ausdruck:	Grundpreis	1.200,00 DM
4.	lange Pause bzw. Ausdruck:	Arbeitspreis	1.227,60 DM
5.	lange Pause bzw. Ausdruck:	Gesamtkosten	4.000,00 DM
6.	lange Pause bzw. Ausdruck:	Gesamtkosten einschließlich Ausgleichsabgabe und Mehrwertsteuer[1]	5.227,60 DM
7.	Stop:	Durchschnittspreis	0,1555 $\frac{DM}{kWh}$
8.	Nach R/S Stop:	Schwelle Tarif I/Tarif II	14400 kWh
9.	Nach R/S Stop:	Ausgabe günstigster Tarif	222222222

Auch hier wurde aufgrund der linearen Komponente beim Tarif II der Bereitstellungspreis auf 1.200,00 DM gemäß Gl. (4.2.6) festgesetzt, da dieser Wert die Summe aus den Bereitstellungspreisen für Beleuchtungsanlagen und anderen Anlagen mit 1.051,20 DM übersteigt. Bei getrennter Messung von Haushaltbedarf und beruflichem Bedarf entfällt die Änderung des Bereitstellungspreises für den beruflichen Bedarf aufgrund der linearen Komponente, da diese nur für den Haushaltbedarf oder den Gesamtbedarf zu berücksichtigen ist.

---

[1] Gültig für 5,3 % Ausgleichsabgabe und 13 % Mehrwertsteuer

4.2.4 Tarifpreisberechnung im Dialogverkehr

Mit dem Rechner HP 41C läßt sich ein Dialogverkehr für die Eingabedaten programmieren, so daß der Benutzer nicht mehr die Zuordnung der Eingabedaten vorgeben muß. Die einzelnen Tarifvarianten können dabei über zugeordnete Funktionstasten entsprechend der in Bild 4.2.1 angegebenen Ablaufstruktur aufgerufen werden. Die zugehörige Anweisungsliste ist in Tabelle 4.2.2 angegeben Das Programm erfordert 161 Speicherregister (Grundausstattung mit 2 Memory-Module) bei einer Speicherbereichsdefinition von 40 Datenspeicher (SIZE 40). Der Einstieg in das Programm kann über fünf Startadressen für die einzelnen Bedarfsarten Haushaltbedarf, landwirtschaftlicher Bedarf, gewerblicher und beruflicher Bedarf sowie für die zusätzlichen Tarifvarianten Berechnung nach gemessener Leistung, Kleinverbrauchs- und Schwachlasttarif erfolgen. Es ist zweckmäßig, die entsprechenden Programmlabel den Funktionstasten A bis E im User-Modus zuzuweisen. Mit der Tastenfolge [f] [ASN] [ALPHA] HAUSH [ALPHA] [Σ+] ist z.B. die Programmadresse HAUSH für die Bedarfsart „Haushaltbedarf" der [Σ+]-Taste zugeordnet. Die Eingabedaten werden folgenden Datenspeichern zugeordnet:

STO 00: Verbrauch in kWh
STO 01: Anzahl der Tarifräume
STO 02: Tarif-ha (auf 0,5 gerundet)
STO 03: Zusatz-kW (auf 0,1 gerundet)
STO 04: Tarif-kW für Beleuchtungsanlagen (auf 0,1 gerundet)
STO 05: Tarif-kW für „andere" Anlagen (auf 0,5 gerundet)
STO 06: Jahreshöchstleistung für Haushaltbedarf (auf 0,1 gerundet)
STO 07: Jahreshöchstleistung für übrige Bedarfsarten (auf 0,1 gerundet)
STO 14: Schwachlast-kWh

Innerhalb des Programms werden folgende Hilfs- oder Ergebnisspeicher belegt:

STO 10: Adresse für indirekte Adressierung
STO 11: errechnete Kosten in DM
STO 12: Verrechnungspreis in DM
STO 13: Einsatzpunkt der linearen Komponente für Haushaltbedarf bei Tarif II in kWh
STO 15: Kosten für Schwachlast in DM

Der Speicherbereich von STO 17 bis STO 39 dient als permanenter Datenspeicherblock zur Bereitstellung der Tarifkonstanten. In STO 17 sind die Arbeitspreise für den Kleinverbrauchstarif und den Schwachlasttarif gemeinsam abgespeichert (z.B. 36,08 für 36 Pf/kWh und 8 Pf/kWh). Für die angegebenen Berechnungsbeispiele sind folgende permanente Daten abgespeichert:

Tarif I		Tarif II	
STO 18:	0,13	STO 19:	0,10
STO 20:	55,20	STO 30:	109,20
STO 21:	10,20	STO 31:	20,40
STO 22:	16,20	STO 32:	31,20
STO 23:	60,00	STO 33:	100,80
STO 24:	6,00	STO 34:	10,08
STO 25:	16,80	STO 35:	33,60
STO 26:	27,60	STO 36:	40,80
STO 27:	85 80	STO 37:	160,80
STO 28:	21,00	STO 38:	34,80
STO 29:	24,00	STO 39:	34,80

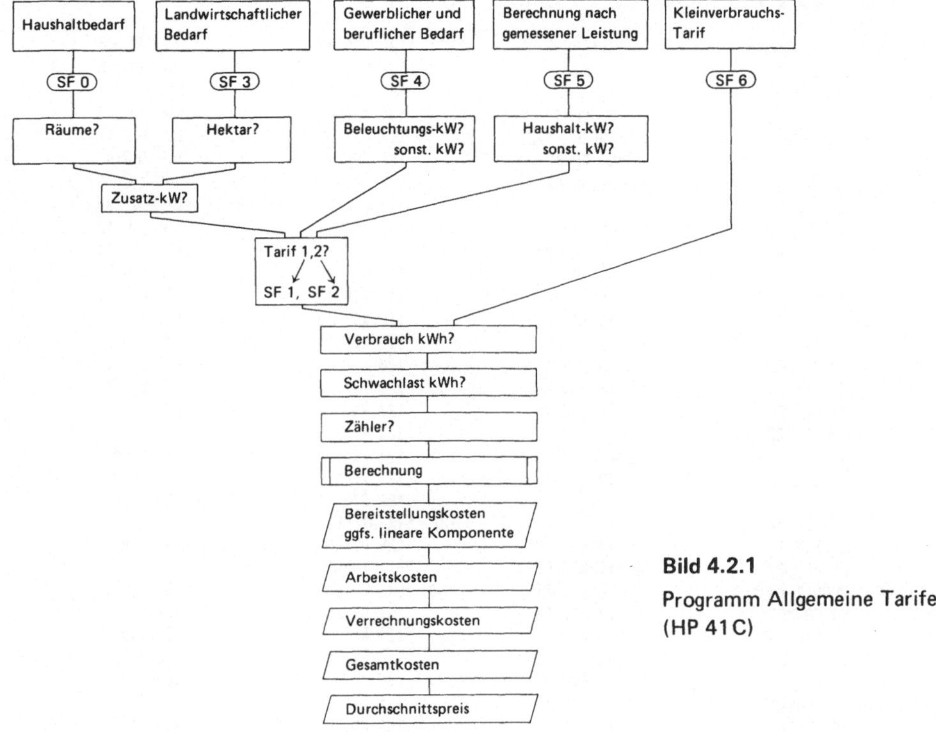

Bild 4.2.1
Programm Allgemeine Tarife (HP 41C)

Die Speicher STO 00 bis STO 16 sind als Hilfs- und Ergebnisspeicher gewählt, damit der für die Summenfunktion benötigte Speicherblock uneingeschränkt zur Verfügung steht.

Die Auswahl der Daten aus dem jeweiligen Speicherbereich für Tarif I oder Tarif II wird in dem Unterprogramm Label B von Zeile 185 bis 194 mit Hilfe der Flag 1-Abfrage getroffen. In dem Unterprogramm Label A von Zeile 54 bis 69 wird die Tarifwahl getroffen und als Merkmal Flag 1 oder Flag 2 gesetzt. Die Bildung des Bereitstellungspreises für den Haushaltbedarf in Tarif II unter Berücksichtigung der linearen Komponente erfolgt mit den Anweisungen in den Zeilen 116 bis 126.

In dem Unterprogramm „ZAEHLER" von Zeile 280 bis zum Programmende in Zeile 338 werden die Verrechnungskosten in Abhängigkeit von der im Dialogverfahren festgestellten Zählerart nach STO 12 abgespeichert. Die einzelnen Verrechnungspreise sind als Festwert programmiert, z.B. 18 DM für einen Wechselstromzähler in Zeile 288. Mit der als Dialogantwort eingegebenen Ziffer wird der jeweilige Verrechnungspreis multipliziert. Dadurch können auch mehrfache Zählerbestückungen berücksichtigt werden. Vor jeder Abfrage wird das X-Register gelöscht, so daß die Antwort „Fehlanzeige" einfach durch Betätigung der R/S-Taste ausgelöst wird.

Die Ergebnisse einer Strompreisberechnung mit dem Rechner HP 41C sind für die einzelnen Bedarfsarten und Tarifvarianten als Drucker-Listing in den Tabellen 4.2.3 bis 4.2.7 angegeben. Die errechneten Kosten und Durchschnittspreise gelten als Nettowerte vor Ausgleichsabgabe und Mehrwertsteuer.

Das Programm kann gemeinsam mit dem Datenblock durch die Anweisung „WALL" auf neun Magnetkarten übertragen werden.

Tabelle 4.2.2 Anweisungsliste „Allgemeine Tarife" für HP 41C

```
01♦LBL "HAUSH"
02 SF 00
03 FIX 0
04 RCL 01
05 "RAUMZAHL?"
06 PROMPT
07 STO 01
08 20
09 STO 10
10 GTO 00

11♦LBL "LAND"
12 SF 03
13 FIX 1
14 RCL 02
15 "HEKTAR?"
16 PROMPT
17 STO 02
18 23
19 STO 10

20♦LBL 00
21 FIX 1
22 RCL 03
23 "ZUSATZ KW?"
24 PROMPT
25 STO 03
26 GTO A

27♦LBL "GEWERBE"
28 SF 04
29 FIX 1
30 RCL 04
31 "BEL. KW?"
32 PROMPT
33 STO 04
34 RCL 05
35 "SONSTIGE?"
36 PROMPT
37 STO 05
38 26
39 STO 10
40 GTO A

41♦LBL "LEIST"
42 SF 05
43 FIX 1
44 RCL 06
45 "HAUSH. KW?"
46 PROMPT
47 STO 06
48 RCL 07
49 "SONSTIGE?"
50 PROMPT
51 STO 07
52 28
53 STO 10

54♦LBL A
55 FIX 0
56 CF 01
57 CF 02
58 "TARIF? 1,2"
59 PROMPT
60 SF 01
61 1
62 X=Y?
63 GTO 00
64 CF 01
65 SF 02
66 X<>Y
67 2
68 X≠Y?
69 GTO A
70 GTO 00

71♦LBL "KLEIN"
72 SF 06

73♦LBL 00
74 RCL 00
75 "VERBRAUCH?"
76 PROMPT
77 STO 00
78 CLX
79 "SCHWACHLAST?"
80 PROMPT
81 STO 15
82 STO 14
83 X=0?
84 GTO 00
85 RCL 17
86 FRC
87 *
88 STO 15

89♦LBL 00
90 XEQ "ZAEHLER"
91 FC? 06
92 GTO 01
93 RCL 00
94 RCL 17
95 INT
96 1 E2
97 /
98 *
99 STO 11
100 XEQ D
101 GTO 00

102♦LBL 01
103 XEQ B
104 FS? 00
105 XEQ a
106 FS? 03
107 XEQ b
108 FS? 04
109 XEQ c
110 FS? 05
111 XEQ d
112 FC? 00
113 GTO 02
114 FS? 01
115 GTO 02
116 RCL 11
117 STO 13
118 RCL 18
119 RCL 19
120 -
121 ST/ 13
122 RCL 00
123 *
124 X<=Y?
125 X<>Y
126 STO 11
127 "EINSATZPUNKT"
128 AVIEW
129 "LINEARE "
130 "⊦KOMPONENTE"
131 AVIEW
132 RCL 13
133 FIX 0
134 "KWH: "
135 ARCL X
136 AVIEW

137♦LBL 02
138 RCL 11
139 XEQ C
140 RCL 18
141 RCL 19
142 FS? 01
143 X<>Y
144 RCL 00
145 *
146 ST+ 11
147 XEQ D
148 FS? 04
149 GTO 00
150 FS? 05
151 GTO 00
152 ISG 10
153 CLX
154 RCL 03
155 X=0?
156 GTO 00
157 10
158 *
159 RCL IND 10
160 *
161 ST+ 11
162 XEQ G

163♦LBL 00
164 RCL 15
165 X=0?
166 GTO 00
167 ST+ 11
168 XEQ H

169♦LBL 00
170 RCL 12
171 ST+ 11
172 XEQ E
173 RCL 11
174 XEQ F
175 XEQ J
176 CF 00
177 CF 01
178 CF 02
179 CF 03
180 CF 04
181 CF 05
182 CF 06
183 BEEP
184 RTN

185♦LBL B
186 RCL 10
187 STO Y
188 10
189 +
190 FS? 01
191 X<>Y
192 STO 10
193 RCL IND 10
194 RTN

195♦LBL a
196 STO 11
197 RCL 01
198 2
199 X>Y?
200 GTO 00
201 -
202 GTO 01

203♦LBL b
204 STO 11
205 RCL 02
206 5
207 X>Y?
208 GTO 00
209 -
210 2
211 *
212 GTO 01
```

Fortsetzung von Tabelle 4.2.2

```
♦LBL c
RCL 04
10
*
*
STO 11
RCL 05
2
*
GTO 01

♦LBL d
RCL 06
10
*
*
STO 11
RCL 07
10
*

♦LBL 01
ISG 10
CLX
RCL IND 10
*
ST+ 11

♦LBL 00
RTN

♦LBL C
"BEREITSTELLUNGS"
GTO 00

♦LBL D
"ARBEITS"
GTO 00

♦LBL E
"VERRECHNUNGS"
GTO 00

♦LBL F
"GESAMT"
GTO 00

♦LBL G
"ZUSATZ-KW-"
GTO 00

♦LBL H
"SCHWACHLAST-"

♦LBL 00
"⊢KOSTEN"
FIX 2
AVIEW
"DM: "
ARCL X
AVIEW
RTN

♦LBL J
RCL 00
RCL 14
+
/
1 E2
*
ADV
"DURCHSCHNITTS"
"⊢PREIS"
AVIEW
"PFG/KWH: "
ARCL X
AVIEW
RTN

♦LBL "ZAEHLER"
0
STO 12
FIX 0
"WECHSEL? JA=1"
PROMPT
X=0?
GTO 00
18
*
ST+ 12

♦LBL 00
CLX
"DREHSTROM?"
PROMPT
X=0?
GTO 00
27,6
*
ST+ 12

♦LBL 00
CLX
"ZWEITARIF?"
PROMPT
X=0?
GTO 00
30
*
ST+ 12

♦LBL 00
CLX
"MAXIMUM?"
PROMPT
X=0?
GTO 00
72
*
ST+ 12

♦LBL 00
CLX
"WANDLER?"
PROMPT
X=0?
GTO 00
42
*
ST+ 12

♦LBL 00
CLX
"SCHALTGERAET?"
PROMPT
X=0?
GTO 00
24
*
ST+ 12

♦LBL 00
RTN
END
```

Tabelle 4.2.3 Berechnungsbeispiel: „Haushaltbedarf"

```
          XEQ "HAUSH"
RAUMZAHL?
               4,   RUN
ZUSATZ KW?
             0,0    RUN
TARIF? 1,2
               1,   RUN
VERBRAUCH?
          3.000,    RUN
SCHWACHLAST?
              0,    RUN
WECHSEL? JA=1
                    RUN
DREHSTROM?
              1,    RUN
ZWEITARIF?
                    RUN
MAXIMUM?
                    RUN
WANDLER?
                    RUN
SCHALTGERAET?
                    RUN
BEREITSTELLUNGSKOSTEN
DM: 75,60
ARBEITSKOSTEN
DM: 390,00
VERRECHNUNGSKOSTEN
DM: 27,60
GESAMTKOSTEN
DM: 493,20

DURCHSCHNITTSPREIS
PFG/KWH: 16,44
```

```
          XEQ "HAUSH"
RAUMZAHL?
               4,   RUN
ZUSATZ KW?
             0,0    RUN
TARIF? 1,2
               2,   RUN
VERBRAUCH?
         10.000,    RUN
SCHWACHLAST?
          5.000,    RUN
WECHSEL? JA=1
                    RUN
DREHSTROM?
               2,   RUN
ZWEITARIF?
                    RUN
MAXIMUM?
                    RUN
WANDLER?
                    RUN
SCHALTGERAET?
               1,   RUN
EINSATZPUNKT
LINEARE KOMPONENTE
KWH: 5.000,
BEREITSTELLUNGSKOSTEN
DM: 300,00
ARBEITSKOSTEN
DM: 1.000,00
SCHWACHLAST-KOSTEN
DM: 400,00
VERRECHNUNGSKOSTEN
DM: 79,20
GESAMTKOSTEN
DM: 1.779,20

DURCHSCHNITTSPREIS
PFG/KWH: 11,86
```

Tabelle 4.2.4 Berechnungsbeispiel: „Landwirtschaftlicher Betriebsbedarf"

```
          XEQ "LAND"
HEKTAR?
            40,0    RUN
ZUSATZ KW?
             1,0    RUN
TARIF? 1,2
               1,   RUN
VERBRAUCH?
         30.000,    RUN
SCHWACHLAST?
         10.000,    RUN
WECHSEL? JA=1
                    RUN
DREHSTROM?
               2,   RUN
ZWEITARIF?
                    RUN
MAXIMUM?
                    RUN
WANDLER?
                    RUN
SCHALTGERAET?
               1,   RUN
BEREITSTELLUNGSKOSTEN
DM: 480,00
ARBEITSKOSTEN
DM: 3.900,00
ZUSATZ-KW-KOSTEN
DM: 168,00
SCHWACHLAST-KOSTEN
DM: 800,00
VERRECHNUNGSKOSTEN
DM: 79,20
GESAMTKOSTEN
DM: 5.427,20

DURCHSCHNITTSPREIS
PFG/KWH: 13,57
```

```
          XEQ "LAND"
HEKTAR?
                    RUN
ZUSATZ KW?
                    RUN
TARIF? 1,2
               2,   RUN
VERBRAUCH?
                    RUN
SCHWACHLAST?
         10.000,    RUN
WECHSEL? JA=1
                    RUN
DREHSTROM?
               2,   RUN
ZWEITARIF?
                    RUN
MAXIMUM?
                    RUN
WANDLER?
                    RUN
SCHALTGERAET?
               1,   RUN
BEREITSTELLUNGSKOSTEN
DM: 806,40
ARBEITSKOSTEN
DM: 3.000,00
ZUSATZ-KW-KOSTEN
DM: 336,00
SCHWACHLAST-KOSTEN
DM: 800,00
VERRECHNUNGSKOSTEN
DM: 79,20
GESAMTKOSTEN
DM: 5.021,60

DURCHSCHNITTSPREIS
PFG/KWH: 12,55
```

Tabelle 4.2.5 Berechnungsbeispiel: „Gewerblicher Bedarf"

```
          XEQ "GEWERBE"
BEL. KW?
              10,0     RUN
SONSTIGE?
              20,0     RUN
TARIF? 1,2
                1,     RUN
VERBRAUCH?
           50.000,     RUN
SCHWACHLAST?
                0,     RUN
WECHSEL? JA=1
                       RUN
DREHSTROM?
                1,     RUN
ZWEITARIF?
                       RUN
MAXIMUM?
                       RUN
WANDLER?
                       RUN
SCHALTGERAET?
                       RUN
BEREITSTELLUNGSKOSTEN
DM: 6.192,00
ARBEITSKOSTEN
DM: 6.500,00
VERRECHNUNGSKOSTEN
DM: 27,60
GESAMTKOSTEN
DM: 12.719,60

DURCHSCHNITTSPREIS
PFG/KWH: 25,44
```

```
          XEQ "GEWERBE"
BEL. KW?
              10,0     RUN
SONSTIGE?
              20,0     RUN
TARIF? 1,2
                2,     RUN
VERBRAUCH?
           50.000,     RUN
SCHWACHLAST?
                0,     RUN
WECHSEL? JA=1
                       RUN
DREHSTROM?
                1,     RUN
ZWEITARIF?
                       RUN
MAXIMUM?
                       RUN
WANDLER?
                       RUN
SCHALTGERAET?
                       RUN
BEREITSTELLUNGSKOSTEN
DM: 10.512,00
ARBEITSKOSTEN
DM: 5.000,00
VERRECHNUNGSKOSTEN
DM: 27,60
GESAMTKOSTEN
DM: 15.539,60

DURCHSCHNITTSPREIS
PFG/KWH: 31,08
```

Tabelle 4.2.6 Berechnungsbeispiel: „Berechnung nach gemessener Leistung"

```
          XEQ "LEIST"
HAUSH. KW?
              10,0     RUN
SONSTIGE?
              20,0     RUN
TARIF? 1,2
                1,     RUN
VERBRAUCH?
           60.000,     RUN
SCHWACHLAST?
                0,     RUN
WECHSEL? JA=1
                       RUN
DREHSTROM?
                       RUN
ZWEITARIF?
                       RUN
MAXIMUM?
                1,     RUN
WANDLER?
                       RUN
SCHALTGERAET?
                       RUN
BEREITSTELLUNGSKOSTEN
DM: 6.900,00
ARBEITSKOSTEN
DM: 7.800,00
VERRECHNUNGSKOSTEN
DM: 72,00
GESAMTKOSTEN
DM: 14.772,00

DURCHSCHNITTSPREIS
PFG/KWH: 24,62
```

```
          XEQ "LEIST"
HAUSH. KW?
              10,0     RUN
SONSTIGE?
              20,0     RUN
TARIF? 1,2
                2,     RUN
VERBRAUCH?
           60.000,     RUN
SCHWACHLAST?
                0,     RUN
WECHSEL? JA=1
                       RUN
DREHSTROM?
                       RUN
ZWEITARIF?
                       RUN
MAXIMUM?
                1,     RUN
WANDLER?
                       RUN
SCHALTGERAET?
                       RUN
BEREITSTELLUNGSKOSTEN
DM: 10.440,00
ARBEITSKOSTEN
DM: 6.000,00
VERRECHNUNGSKOSTEN
DM: 72,00
GESAMTKOSTEN
DM: 16.512,00

DURCHSCHNITTSPREIS
PFG/KWH: 27,52
```

Tabelle 4.2.7 Berechnungsbeispiel: „Kleinverbrauchstarif"

```
                         XEQ "KLEIN"
VERBRAUCH?
           1.000,00      RUN
SCHWACHLAST?
               0,00      RUN
WECHSEL? JA=1
               1,00      RUN
DREHSTROM?
                         RUN
ZWEITARIF?
                         RUN
MAXIMUM?
                         RUN
WANDLER?
                         RUN
SCHALTGERAET?
                         RUN
ARBEITSKOSTEN
DM: 360,00
VERRECHNUNGSKOSTEN
DM: 18,00
GESAMTKOSTEN
DM: 378,00

DURCHSCHNITTSPREIS
PFG/KWH: 37,80
```

4.3 Strompreisregelungen für Sondervertragskunden

Die Anwendung der programmierbaren Taschenrechner zur Strompreisberechnung bietet dem Vertragsingenieur insbesondere bei den Strompreisregelungen für Sondervertragskunden in der Entwurfsphase ein nützliches Hilfsmittel zur Verwirklichung einer spontanen und umfassenden Kundenberatung. Die Durchrechnung verschiedener Abnahmevarianten und Vertragstypen kann unabhängig von einer stationären Rechenanlage an jedem Ort in kürzester Zeit erfolgen. Damit ist dem Vertragsingenieur ein Hilfsmittel an die Hand gegeben, auch die ausgefallensten Abnahmevarianten kostenmäßig ohne Aufwand in Sekundenschnelle zu überblicken, so daß den elektrizitätswirtschaftlichen Aspekten auch im Hinblick auf zukünftige Entwicklungen noch mehr Aufmerksamkeit zugewandt werden kann.

Für Sondervertragskunden kommen zwei strukturell unterschiedliche Preisregelungen in Betracht:

1. Preisregelung auf Arbeitspreisbasis
2. Preisregelung auf Leistungs und Arbeitspreisbasis.

Die Aufspaltung des Strompreises in einen Bereitstellungspreis und einen Arbeitspreis ist auch hier in dem Prinzip der kostennahen Strompreiskalkulation begründet. Die Bereitstellungskosten erfordern im Sondervertragskundenbereich die Vereinbarung einer Grundmenge und darüber hinaus bei Leistungspreisregelungen die Aufspaltung des Strompreises in einen Leistungspreis und einen Arbeitspreis. Insbesondere die Arbeitspreise werden im allgemeinen für verschiedene Zonen unterschiedlich festgelegt. Die Preise werden als Nennpreise vereinbart und durch eine Preisanpassungsklausel im allgemeinen über das Kostenniveau von Kohle und Löhne der allgemeinen Kostenentwicklung angepaßt. Über die Zonung der Arbeitspreise hinaus werden noch besondere Preise für die Elektrowärmeanwendung sowie ggfs. für die tariflichen Tag- und Nachtzeiten vereinbart. Zur Bewertung der Benutzungsdauer und der Jahresausnutzung sowie hinsichtlich der Grundmengenabnahme werden zusätzliche Vereinbarungen getroffen.

Die nachfolgend als Grundlage für die Programmierung angegebenen Formulierungen üblicher Strompreisregelungen sind der Fachliteratur entnommen [22]. Die angegebenen Preise dienen lediglich der Rechnungsverfolgung und stehen in keinem Zusammenhang zu praktischen Anwendungsfällen.

4.3.1 Programmodule für Rabatt- und Zuschlagsberechnungen

Zur Anpassung von Strompreisregelungen an die Kostenstruktur der elektrischen Energieerzeugung und -Verteilung werden verschiedene Rabatt- und Zuschlagsregelungen angewandt. Diese einzelnen Regelungen lassen sich mathematisch formulieren und als Programmodule einem Hauptprogramm für eine spezielle auf die jeweilige Abnahmestelle kostennah abgestimmte Strompreisregelung angliedern.

Im nachfolgenden werden einige übliche Formulierungen für die Berechnung von Benutzungsdauerrabatten und Jahresausgleichsrabatten bzw. Zuschlägen mathematisch formuliert und in Programmmodule umgesetzt:

a) Ein Benutzungsdauerrabatt soll nach folgender Maßgabe berechnet werden:

Er beträgt für die ersten vollen 500 Benutzungsstunden je Jahr	4,0 %
und erhöht sich für je weitere volle 25 Benutzungsstunden je Jahr um	0,1 %
bis höchstens – bei 3.000 Benutzungsstunden je Jahr – auf	14,0 %

$$R_B = \begin{cases} 0\,\% & T_m < 500\ \text{h/a} \\ 4\,\% + \left[\dfrac{T_m - 500}{25}\right] \cdot 0{,}1\,\% & 500\ \text{h/a} \leqq T_m \leqq 3.000\ \text{h/a} \\ 14\,\% & 3.000\ \text{h/a} < T_m \end{cases} \quad (4.3.1)$$

[x] bedeutet: größte ganze Zahl kleiner gleich x (Integer)

Das zugehörige Programmodul beginnt mit der Startadresse Label A:

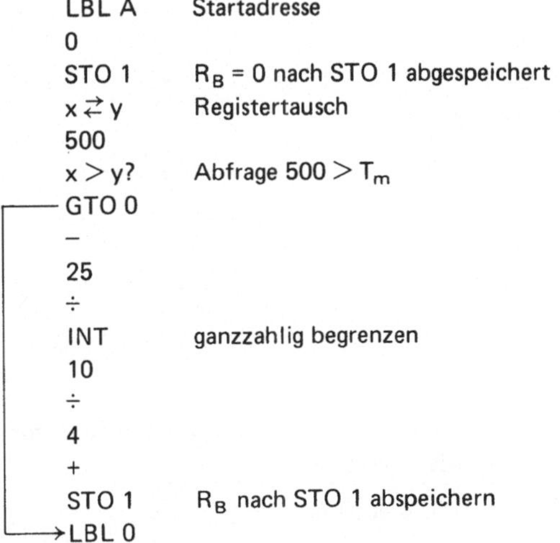

```
LBL A     Startadresse
0
STO 1     R_B = 0 nach STO 1 abgespeichert
x⇄y       Registertausch
500
x>y?      Abfrage 500 > T_m
GTO 0
–
25
÷
INT       ganzzahlig begrenzen
10
÷
4
+
STO 1     R_B nach STO 1 abspeichern
LBL 0
```

```
RCL 1
14
x > y?     Abfrage 14 > R_B
x ⇄ y      falls ja, Registertausch
R/S
```

b) Beträgt in einem Abrechnungsjahr die Benutzungsdauer T_m mehr als 3.000 h/a, so wird folgender Benutzungsdauerrabatt in Ansatz gebracht:

$$R_B = \begin{cases} 0 & T_m \leqq 3.000 \text{ h/a} \\ 20 \left(1 - \dfrac{3.000 \text{ h/a}}{T_m}\right) \% & T_m > 3.000 \text{ h/a} \end{cases} \tag{4.3.2}$$

Der berechnete Benutzungsdauerrabatt soll auf zwei Dezimalstellen begrenzt und anschließend auf eine Dezimalstelle gerundet werden.

Das zugehörige Programmodul beginnt mit der Startadresse Label B:

```
LBL B      Startadresse
0
STO 1
x ⇄ y      Registertausch
3
EEX
3
DSP 1      Rundung auf 1 Dezimalstelle vorbereiten
x > y?     Abfrage ab 3.000 > T_m
GTO 0 ─┐
% CH   │   (3.000 − T_m) / T_m · 100
5      │
CHS    │
÷      │   durch −5 dividieren
EEX    │ ┐
2      │ │
x      │ │
INT    │ │ Auf 2 Dezimalstellen begrenzen
EEX    │ │
2      │ │
÷      │ ┘
RND    │   auf eine Dezimalstelle runden
STO 1  │   R_B nach STO 1 abspeichern
LBL 0 ←┘
RCL 1      R_B im X-Register
R/S
```

c) Beträgt in einem Abrechnungsjahr die Benutzungsdauer mehr als 4.000 Stunden/Jahr, so wird folgender Benutzungsdauerrabatt in Ansatz gebracht:

$$R_B = \begin{cases} 0 & T_m \leqq 4.000 \text{ h/a} \\ 3 \cdot \dfrac{T_m - 4.000 \text{ h/a}}{1.000 \text{ h/a}} \% & T_m > 4.000 \text{ h/a} \end{cases} \tag{4.4.3}$$

Der berechnete Benutzungsdauerrabatt soll auf drei Dezimalstellen begrenzt werden und anschließend auf zwei Dezimalstellen gerundet werden.

Das zugehörige Programmodul beginnt mit der Startadresse Label C:

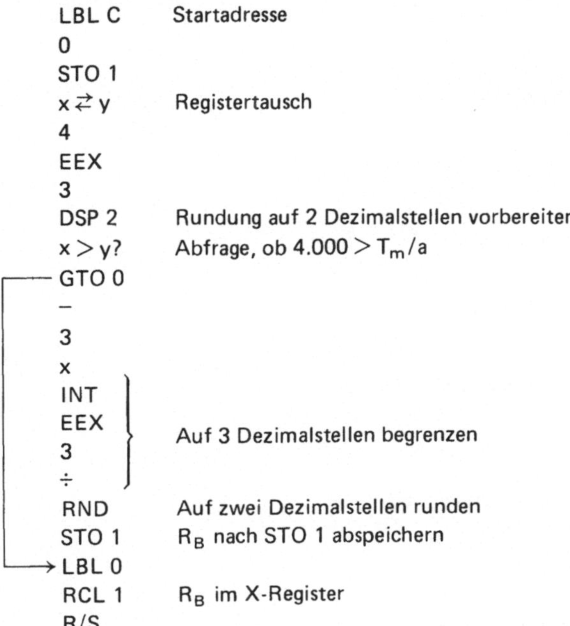

```
LBL C      Startadresse
0
STO 1
x⇄y        Registertausch
4
EEX
3
DSP 2      Rundung auf 2 Dezimalstellen vorbereiten
x > y?     Abfrage, ob 4.000 > Tm/a
GTO 0   ──┐
−          │
3          │
x          │
INT   ┐    │
EEX   │    │
3     ├    │  Auf 3 Dezimalstellen begrenzen
÷     ┘    │
RND        │  Auf zwei Dezimalstellen runden
STO 1      │  RB nach STO 1 abspeichern
LBL 0   ◄──┘
RCL 1      RB im X-Register
R/S
```

d) Ein Jahreszeitenausgleich als Rabatt (+) oder Zuschlag (−) soll in Abhängigkeit von dem jahreszeitlichen Normverhältnis Sommeranteil : Winteranteil = 40 % : 60 % nach folgender Maßgabe gewährt werden:

$$R_J = \begin{cases} 12\left(1 - \dfrac{40\,\%}{S}\right)\% & S \geqq 40\,\% \\ -6\,\dfrac{40\,\% - S}{60\,\% - S}\,\% & S \leqq 40\,\% \end{cases} \qquad (4.3.4)$$

Der berechnete Jahreszeitenausgleich soll auf zwei Dezimalstellen begrenzt und anschließend auf eine Dezimalstelle gerundet werden.

Das zugehörige Programmodul beginnt mit der Startadresse Label D:

```
LBL D      Startadresse
DSP 1      Rundung auf eine Dezimalstelle vorbereiten
STO 0      Zwischenspeicherung von S in STO 0
40
−
x > 0?     S − 40 > 0
```

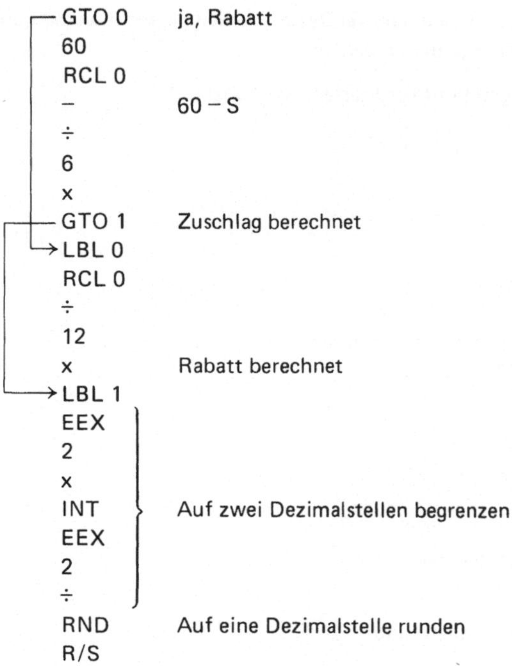

4.3.2 Beispiel einer Arbeitspreisregelung

Arbeitspreisregelungen für Sondervertragskunden enthalten im allgemeinen folgende in eine programmierte Berechnung einfließende vertragliche Vereinbarungen:

Arbeitspreisregelung

Das Entgelt wird ermittelt aus Strompreis, Preisanpassungsfaktor, Benutzungsdauer- und Nachtrabatt, Jahreszeitenausgleich, Blindstromzuschlag und der Strompreisgrundlage.

1. Strompreis

a) Der Strompreis für die abgenommene elektrische Arbeit für Licht-, Kraft- und sonstige Zwecke beträgt:

		Nennpreise
für die ersten	24.000 kWh im Abrechnungsjahr	25,00 Pf/kWh
für die nächsten	180.000 kWh im Abrechnungsjahr	19,00 Pf/kWh
für die nächsten	780.000 kWh im Abrechnungsjahr	17,00 Pf/kWh
für alle weiteren		15,00 Pf/kWh

Wird in einem Abrechnungsjahr die Grundmenge (Ziffer 6) bezogen und eine Benutzungsstundenzahl von mehr als 1.000 Stunden/Jahr (Ziffer 3) erreicht, so ermäßigt sich der Nennpreis der ersten Preiszone von 25,00 Pf/kWh auf 21,00 Pf/kWh.

b) Der Strompreis für Elektrowärmeanwendung beträgt 12,00 Pf/kWh.

2. *Preisanpassungsklausel*

Die Preisanpassungsklausel beinhaltet eine kohle- und lohnkostenabhängige Änderung der unter Absatz 1. vereinbarten Strompreise in der Form:

$$p = p_0 \left(a + b \frac{K}{K_0} + c \frac{L}{L_0}\right) = p_0 \cdot f$$

mit: $a + b + c = 1$

Darin bedeuten:

p = Neuer Strompreis (Verrechnungspreis)
p_0 = Nennpreis
K = Verrechnungskohlepreis z.B. 155,50 DM/t
K_0 = Kohlenpreisbasis z.B. 147,00 DM/t
L = Verrechnungslohn z.B. 10,68 DM/Std.
L_0 = Lohnbasis z.B. 9,06 DM/Std.

mit: $a = 0{,}25$; $b = 0{,}35$; $c = 0{,}4$ ergibt sich $f = 1{,}091761$

3. *Benutzungsdauerrabatt*

Auf den effektiven Strompreis (Verrechnungspreis p) wird ein Benutzungsdauerrabatt R_B gewährt. Er beträgt für die ersten vollen 500 Benutzungsstunden je Jahr 4 % und erhöht sich je weitere volle 25 Benutzungsstunden je Jahr um 0,1 % bis höchstens 14 % bei 3.000 Benutzungsstunden je Jahr. Die Benutzungsstundenzahl ergibt sich aus der tatsächlichen Gesamtabnahme im Abrechnungsjahr, dividiert durch die in diesem Zeitraum aufgetretene Jahreshöchstleistung.

4. *Nachtrabatt*

Zum Benutzungsdauerrabatt wird ein Nachtrabatt (R_N) addiert, der sich wie folgt ergibt:

$$R_N = 0{,}3 \cdot A_{NT} \, \% \quad ,$$

wobei A_{NT} = Nachtstrombezug in % des Gesamtstrombezuges.

5. *Jahreszeitenausgleich*

Bei einem Winteranteil von mehr als 60 % wird ein Zuschlag berechnet, bei weniger als 60 % ein Rabatt gewährt, und zwar nach folgenden Beziehungen:

$$\text{Zuschlag: } Z = 6\left(\frac{W - 60\,\%}{W - 40\,\%}\right)\% \qquad \text{Rabatt: } R = 12\left(1 - \frac{40\,\%}{S}\right)\% \quad ,$$

wobei: W = Winterstrombezug (Oktober bis März), S = Sommerstrombezug (April bis September), jeweils in vollen % des Gesamtstrombezuges je Abrechnungsjahr.

Zuschlag bzw. Rabatt wird mit den Rabatten nach Ziffer 3 und 4 zusammengefaßt und auf eine Dezimale gerundet auf den Strompreis nach Ziffern 1 und 2 angewendet.

6. *Strompreisgrundlage*

Die Vereinbarungen einer Strompreisgrundlage dienen der Sicherung einer Mindestabdeckung der entstehenden Fixkosten durch die Leistungsvorhaltung:

Die Preisstellung (Ziffern 1 bis 5) setzt eine Abnahme elektrischer Arbeit entsprechend 1.000 Benutzungsstunden pro Jahr, bezogen auf die bereitgestellte Leistung gemäß Vertrag oder – falls diese überschritten wurde – bezogen auf die Jahreshöchstleistung, voraus (Grundmenge). Sollte in einem Abrechnungsjahr weniger abgenommen werden, so wird die nicht abgenommene Menge (Grundmenge ·/. tatsächliche Abnahme) mit 70 % des sich für die Abnahme ergebenden Wirkstrom-Jahresdurchschnittspreises, mindestens jedoch mit 70 % der letzten Preiszone, abgerechnet.

Bei neueren Strompreisregelungen wird die Strompreisgrundlage auf einen leistungsbezogenen Zuschlag in Abhängigkeit von der Benutzungsdauer abgestellt. Dadurch läßt sich der Kostenbezug dieser Vereinbarung dem Kunden deutlicher aufzeigen:

Die Preisstellung (Ziffern 1 bis 5) hat zur Voraussetzung, daß mit der vorgehaltenen Leistung in kW (1 kVA = 0,9 kW) mindestens elektrische Arbeit entsprechend 1.000 Ausnutzungsstunden/Jahr bezogen wird (Grundmenge). Sollte in einem Abrechnungsjahr weniger als diese Grundmenge bezogen werden, so wird die tatsächlich bezogene kWh-Menge mit den Preisen gemäß Ziffern 1 bis 5 zuzüglich eines Aufschlages für die vorgehaltene Leistung berechnet. Der Aufschlag beträgt jährlich 60,– DM je kW (= Nennpreis) der vorgehaltenen Leistung und ändert sich im gleichen Verhältnis wie die Arbeitspreise gemäß Ziffer 2; er ermäßigt sich um je 0,1 % für jede volle Stunde der tatsächlichen Ausnutzungsdauer, die sich durch Division der in dem Abrechnungsjahr tatsächlich bezogenen kWh-Menge durch die vorgehaltene Leistung ergibt.

Die Durchrechnung einer Strompreisregelung der vorgenannten Struktur erfordert eine Vielzahl logischer Entscheidungen monotoner Art, von hohem merkantilem Wert, so daß einer fehlerausschließenden programmierten Berechnung auch schon im Beratungsstadium entscheidende Bedeutung zukommt.

4.3.3 Programmbeschreibung für Arbeitspreisregelung

Die Basis für die programmierte Strompreisberechnung bilden die in der vertraglich vereinbarten Preisregelung festgelegten Daten mit den formulierten Randbedingungen. Diese Daten sind auf einer Datenkarte als permanente Daten abgespeichert und stehen dort reproduzierbar zur Verfügung. Hinzu treten die kundenspezifischen Verbrauchsdaten wie Gesamtverbrauch, Wärmeverbrauch, Nachtanteil, Sommeranteil, Leistungsmaximum und die vertraglich vereinbarte Vorhalteleistung. Diese subjektorientierten Daten werden jeweils über die Tastatur des Rechners eingegeben und festgelegten Speicherplätzen zugeordnet. Die vertraglichen Randbedingungen werden als logische Verknüpfungen programmtechnisch verarbeitet.

In dem nachfolgend angegebenen Programm sind zwei Startadressen Label A in der ersten Programmzeile und Label B in Zeile 003 vorgesehen. Beim Programmstart durch Betätigung der Taste A wird als Vorhalteleistung (in kVA) der Wert des in STO E abgelegten Leistungsmaximums (in kW) gesetzt. Dies entspricht dem Fall einer in Bezug zum Leistungsmaximum um 10 % zu niedrig angesetzten Vertragsleistung, so daß für die Fehlmengenberechnung das in STO E abgespeicherte Leistungsmaximum herangezogen wird. Daher ist dieser Programmstart für die Entwurfsphase besonders geeignet. Beim Programmstart durch Betätigung der Taste B wird als Vorhalteleistung (in kVA) der im X-Register vorgegebene Wert eingesetzt. Diese Startvariante ist daher bei bekannter Vorhalteleistung zu wählen.

In den Programmzeilen 006 bis 011 wird durch Vergleich des Inhaltes von STO 5 mit dem Festwert 0,17 eine eindeutige Zuordnung der Speicherbereiche vorgenommen. Dadurch wird sichergestellt, daß bei beliebigem Ausgangszustand für die Programmbearbeitung die richtige Konstellation der Primär- und Sekundärbereiche vorliegt.

Mit den Anweisungen in den Zeilen 014 bis 018 wird die Benutzungsdauer T_m bestimmt, in STO 0 abgespeichert und ausgegeben [23]:

$$T_m = \frac{A}{P_{max}} \tag{4.3.5}$$

Nach Umschaltung der Nachkommastellen auf eine Stelle wird mit den Anweisungen von Zeile 020 bis 049 der Benutzungsdauerrabatt gemäß Gl. (4.3.1) errechnet.

Mit den Anweisungen 053 bis 057 wird der Nachtrabatt gebildet:

$$R_N = 0{,}3 \cdot A_{NT} \tag{4.3.6}$$

Der Nachtrabatt wird mit Hilfe der Registerarithmetik in Zeile 059 zu dem in STO 6 abgespeicherten Benutzungsdauerrabatt hinzuaddiert. Der Rabatt- bzw. Zuschlagssatz für den Jahreszeitenausgleich wird mit den Anweisungen in den Zeilen 060 bis 081 gemäß Gl. (4.3.4) errechnet.

Der Gesamtrabatt wird in Zeile 086 zur Anzeige bzw. Ausdruck gebracht:

$$R = R_B + R_N + R_J \tag{4.3.7}$$

Mit den Anweisungen 087 bis 094 wird die Fehlmenge aus der Differenz der bezogenen Arbeit A zur Grundmenge G_m gebildet und nach STO 9 abgespeichert:

$$F = A - G_m \tag{4.3.8}$$

$$G_m = 0{,}9 \cdot P_{max} \cdot 1.000\ h \tag{4.3.9}$$

Wurde mehr als die Grundmenge bezogen, so wird mit den Anweisungen 097 bis 099 geprüft, ob die Benutzungsdauer unter 1.000 h liegt. Ist dies der Fall, so wird das Flag 2 gesetzt, als Merkmal dafür, daß sowohl die Grundmenge bezogen wurde und 1.000 Benutzungsstunden dabei erreicht wurden. Für diesen Fall wird mit den Anweisungen 107 bis 110 in STO 2' der erniedrigte Arbeitspreis abgespeichert. Mit den Anweisungen in den Zeilen 111 bis 148 (Label 6) werden die einzelnen Preiszonen für den in STO 9' abgespeicherten Normalstrombezug berechnet und in STO 1' aufaddiert. Anschließend wird noch der Kostenanteil für die Elektrowärmeanwendung hinzuaddiert:

$$K_0 = K_N + K_W \tag{4.3.10}$$

Mit den Anweisungen 157 bis 161 werden die Gesamtkosten K_0 mit dem Preisanpassungsfaktor K_f multipliziert und um den in STO 6 abgespeicherten Gesamtrabattsatz verringert:

$$K_1 = K_0 \cdot f \left(1 - \frac{R}{100\ \%}\right) \tag{4.3.11}$$

Dieser Wert wird in STO 8 abgespeichert und ausgegeben.

Mit den Anweisungen 164 bis 166 wird der Durchschnittspreis gebildet und nach STO 7 abgespeichert:

$$\overline{p} = \frac{K_1}{A} \tag{4.3.12}$$

Mit Hilfe der Abfrage in Zeile 170 wird festgestellt, ob der Arbeitspreis der vierten Zone größer ist als der Durchschnittspreis. Falls dies der Fall ist, wird dieser Wert in STO 7 abgespeichert. Damit ist die Preisgrundlage für die Berechnung der Kosten für die Fehlmenge geschaffen.

Diese Kostenberechnung wird durch die Anweisungen in Zeile 172 bis 185 vorgenommen.

Ist eine Fehlmenge zu berechnen, so wird diese mit 70 % des in STO 7 abgespeicherten Arbeitspreises in Ansatz gebracht:

$$K_F = \begin{cases} F \cdot 0{,}7 \cdot \max\{\overline{p}, p_u\} & \text{für } F < 0 \\ 0 & \phantom{\text{für }} F \geqq 0 \end{cases} \qquad (4.3.13)$$

Der Rechenablauf wird anschließend durch eine absichtlich erzeugte Bereichsüberschreitung in der aufgerufenen N! Routine mit 999... in der Anzeige zum Stillstand gebracht. Dies geschieht als besonderer Hinweis, daß ein Fehlmengenzuschlag berechnet wurde. Nach Betätigung der R/S-Taste wird der Kostenanteil für die Fehlmenge K_F als negativer Wert angezeigt bzw. ausgedruckt.

In den Anweisungen 186 bis 190 wird der Tageswirkstromanteil am Gesamtverbrauch ermittelt und nach STO 1 abgespeichert. Dieser Wert ist für die Berechnung eines ggfs. erforderlichen Blindstromzuschlags von Interesse.

Die abschließende Bearbeitung beginnt in der Zeile 191 mit dem Aufruf und der anschließenden Ausgabe der Gesamtkosten K_2 unter Berücksichtigung der Fehlmengenberechnung:

$$K_2 = K_1 - K_F \qquad (K_F\text{: negativer Wert}) \qquad (4.3.14)$$

Mit den Anweisungen 193 bis 196 wird ein in STO 3 abgespeicherter Bonus B berücksichtigt und die Gesamtkosten nach Bonus ermittelt:

$$K_3 = K_2 \left(1 - \frac{B}{100\,\%}\right) \qquad (4.3.15)$$

Zum Abschluß wird der Durchschnittspreis gebildet und mit vier Dezimalstellen ausgegeben:

$$p_{\emptyset} = \frac{K_3}{A} \qquad (4.3.16)$$

Es ist wichtig, daß vor dem Programmstart das Flag 2 nicht gesetzt ist, da sonst die ordnungsgemäße Fehlmengenberechnung gefährdet ist.

Der logische Ablauf der Berechnung kann anhand des in Bild 4.3.1 angegebenen Flußdiagramms verfolgt werden.

4.3.4 Arbeitsblatt zur Arbeitspreisregelung

Neben einer übersichtlichen Beschriftung der Programmkarten ist es wichtig für den praktischen Einsatz eine übersichtliche und kurzgefaßte Dokumentation über die Eingabedaten, permanente Daten, abgespeicherte Ergebnisdaten und über die ausgegebenen Ergebnisse zu haben. Hierzu möge der nachfolgend angegebene Gliederungsvorschlag eine Hilfe sein:

a) *Eingaben*

STO A	Gesamtverbrauch in kWh	Start A:
STO B	Wärmeverbrauch in kWh	Vorhalteleistung = [STO E]
STO C	Nachtanteil in %	
STO D	Sommeranteil in %	Start B:
STO E	Leistungsmaximum in kW	Vorhalteleistung = [Wert im X-Register]

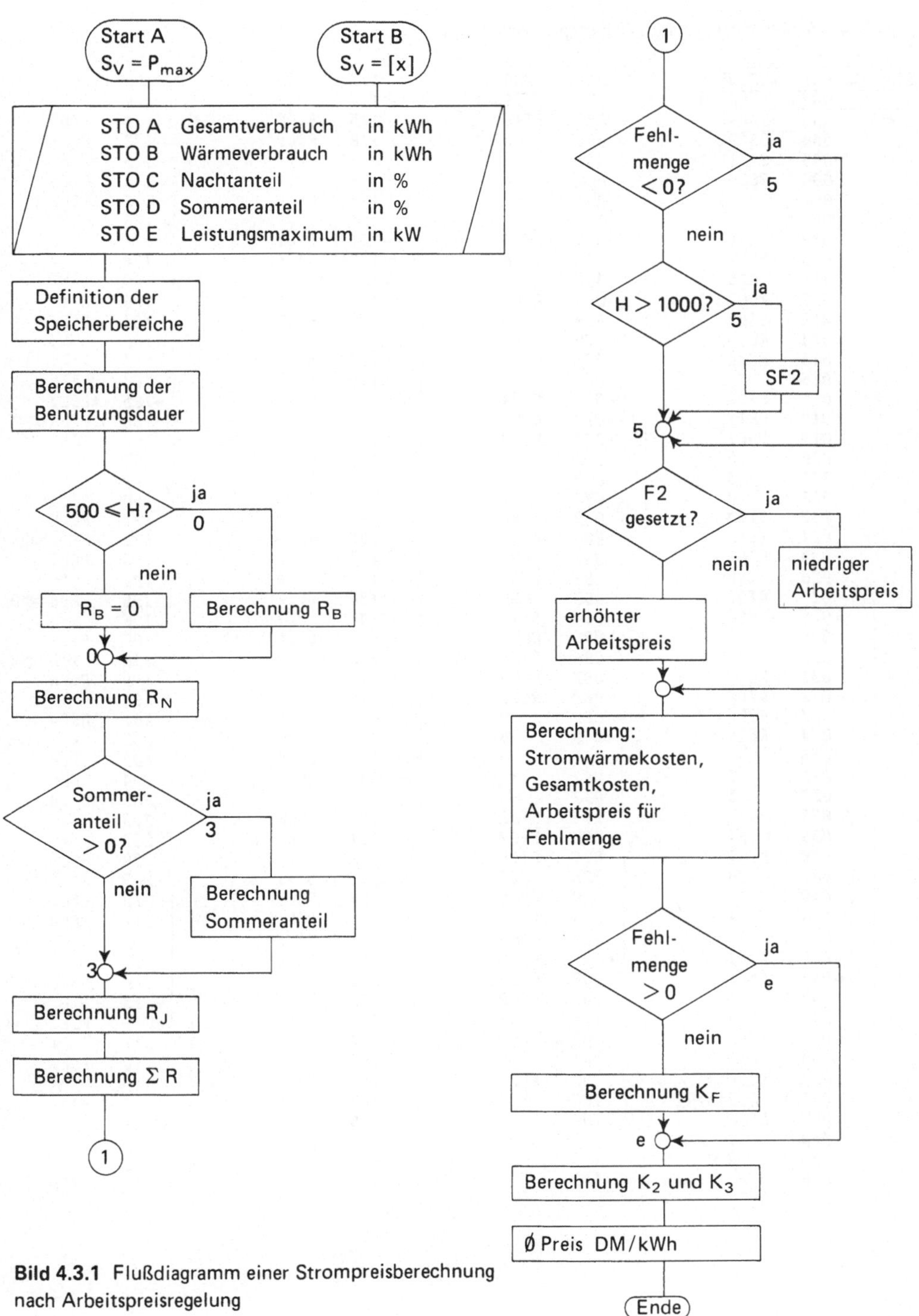

Bild 4.3.1 Flußdiagramm einer Strompreisberechnung nach Arbeitspreisregelung

Tabelle 4.3.1 Anweisungsliste „Arbeitspreisregelung I"

```
*LBLA   Start P_m
RCLE
*LBLB   Start S_v
DSP0
STOI
RCL5
.
1
7
X=Y?
P⇄S
RCLI
STO5
RCLA
RCLE
÷
STO0
PRTX ⇒ T_m
DSP1
5
0
0
STO9
X≤Y?
GTO0
0
GTO1
*LBL0
6
x
X≤Y?
GTO2
RCL0
RCL9
-
2
5
÷
INT
1
0
÷
4
+
GTO1
*LBL2
1
4
*LBL1
RND
STO6
PSE ⇒ R_B
RCLC
.
3
x
RND
PSE ⇒ R_N
ST+6
RCLD
4
0
-
X>0?
GTO3
6
0
RCLD
-
÷
6
x
GTO4
*LBL3
RCLD
÷
1
2
x
*LBL4
RND
STO8
PSE ⇒ R_J
ST+6
RCL6
PRTX ⇒ R_Σ
RCLA
RCL5
9
0
0
x
-
STO9
X<0?
GTO5
RCL2
RCL0
X>Y?
SF2
*LBL5
RCLA
RCLB
-
P⇄S
STO9
RCL3
F2?
RCL7
STO2
2
4
EEX
3
STO0
RCL9
X>Y?
GTO1
RCL2
x
STO1
GTO6
*LBL1
X⇄Y
RCL2
x
STO1
RCL4
RCL0
1
8
GSBa
F2?
GTO6
RCL5
RCL0
7
8
GSBa
F2?
GTO6
RCL9
RCL0
-
RCL6
x
ST+1
*LBL6
DSP2
RCLB
RCL8
x
ST+1
RCL6
RCL1
P⇄S
RCL4
x
RCL6
%
-
STO8
PRTX ⇒
RCLA
÷
STO7
X⇄Y
RCL4
x
X>Y?
STO7
RCL9
X>0?
GTOe
RCL7
x
.
7
x
ST-8
RCL2
N!
R↓
PRTX ⇒ K_F
*LBLe
RCLA
RCLC
÷
-
STO1
RCL8
PRTX ⇒ K_2
RCL3
%
PSE ⇒ B
-
STOI
PRTX ⇒ K_3
RCLA
÷
DSP4
R/S ⇒ P_Φ
----------
*LBLa
EEX
4
x
+
RCL9
X>Y?
GTO1
RCL0
-
R↑
SF2
GTO7
*LBL1
R↓
RCL0
-
ST+0
*LBL7
x
ST+1
RTN
```

Tabelle 4.3.2 Anweisungsliste „Arbeitspreisregelung II"

```
Start Pm   *LBLA
           RCLE
Start Sy   *LBLB
           DSP0
           STOI
           RCL5
           .
           1
           7
           X=Y?
           P⇄S
           0
           STO6
           RCLE
           PSE  <=> Pmax
           RCLA
           ÷
           1/X
           STO0
           INT
           PRTX
           5
           0
           0
           X>Y?
           GTO0
           -
           2
           5
           ÷
           INT
           1
           0
           ÷
           4
           +
           STO6
           *LBL0
           RCL6
           1
           4
           X>Y?
           X⇄Y
           STO6
           DSP1
           PRTX  => RB
           RCLC
           .
           3
           ×
           RND
           PRTX  => RW
           ST+6
           RCLD
           4
           0
           -
           X>0?
           GTO3
           6
           0
           RCLD
           -
           ÷
           6
           ×
           GTO4
           *LBL3
           RCLD
           ÷
           1
           2
           ×
           *LBL4
           RND
           PRTX  => RJ
           ST+E
           RCLA
           RCLI
           9
           0
           0
           ×
           -
           STO9
           X<0?
           GTO5
           RCL2
           RCL0
           X>Y?
           SF2
           *LBL5
           RCLA
           RCLB
           -
           P⇄S
           STO9
           RCL3
           F2?
           RCL7
           STO2
           2
           4
           EEX
           3
           STO0
           RCL9
           X>Y?
           GTO1
           RCL2
           ×
           STO1
           GTO6
           *LBL1
           X⇄Y
           RCL2
           ×
           STO1
           RCL4
           RCL0
           1
           8
           GSBa
           F2?
           GTO6
           RCL5
           RCL0
           7
           8
           GSBa
           F2?
           GTO6
           RCL9
           RCL0
           -
           RCL6
           ×
           ST+1
           *LBL6
           RCLB
           RCL8
           ×
           ST+1
           RCL1
           P⇄S
           RCL4
           ×
           RCL6
           PRTX  => RΣ
           %
           -
           STO8
           DSP2
           PRTX  => K1
           0
           R/S  <=> QM
           RCL8
           RCLA
           ÷
           ×
           1
           5
           %
           PRTX  => KB
           ST+8
           RCL9
           X>0?
           GTOe
           RCL2
           N!
           5
           4
           RCL4
           ×
           RCLI
           ×
           RCLA
           LSTX
           .
           9
           ×
           ÷
           INT
           .
           1
           ×
           %
           -
           ST+8
           PRTX  => KF
           *LBLe
           RCL8
           PRTX  => K2
           RCL3
           %
           PRTX  => B
           -
           PRTX  => K3
           RCLA
           ÷
           DSP4
           R/S  => PΦ
--------------------
UP         *LBLa
           EEX
           4
           ×
           +
           RCL9
           X>Y?
           GTO1
           RCL0
           -
           R↑
           SF2
           GTO7
           *LBL1
           R↓
           RCL0
           -
           ST+0
           *LBL7
           ×
           ST+1
           RTN
```

b) Permanente Daten (P) und abgespeicherte Ergebnisse (A)

STO I A Gesamtkosten in DM

Primärspeicher		Sekundärspeicher	
STO 0 A	Benutzungsdauer	STO 0' A	Hilfsspeicher
STO 1 A	Tageswirkstromverbrauch kWh	STO 1' A	Gesamtkosten zu Nennpreisen
STO 2 P	Festwert 1000	STO 2' A	verrechneter Arbeitspreis der 1. Zone
STO 3 P	Bonus z.B. 2 %	STO 3' P	Arbeitspreis 1. Zone
STO 4 P	Preisanpassungsfaktor f	STO 4' P	Arbeitspreis 2. Zone
STO 5 A	Vorhalteleistung in kVA	STO 5' P	Arbeitspreis 3. Zone
STO 6 A	Gesamtrabatt in %	STO 6' P	Arbeitspreis 4. Zone
STO 7 A	Arbeitspreis für Fehlmenge	STO 7' P	erniedrigter Arbeitspreis der 1. Zone
STO 8 A	Gesamtkosten vor Bonus	STO 8' P	Arbeitspreis für Wärmestrom
STO 9 A	Fehlmenge $F = A_G - G_m$	STO 9' A	Verbrauch zu Normalstrom in kWh

c) Angezeigte Ergebnisse

1. lange Pause: Benutzungsdauer T_m in h
2. kurze Pause: Benutzungsdauerrabatt R_B in %
3. kurze Pause: Nachtrabatt R_N in %
4. kurze Pause: Jahreszeitenausgleich R_J in % [Rabatt (+), Zuschlag (–)]
5. lange Pause: Gesamtrabatt R in %
6. lange Pause: Gesamtkosten K_1 in DM (vor Blindstrom u. Fehlmengenzuschlag)
7. Falls Grundmenge nicht erreicht Stop bei 999999......
8. lange Pause: Gesamtkosten K_2 in DM (vor Bonus)
9. kurze Pause: Bonus B in DM
10. lange Pause: Gesamtkosten K_3 in DM (nach Bonus)
11. Stop: Durchschnittspreis $p_\emptyset$ in DM/kWh

4.3.5 Test- und Anwendungsbeispiel „Arbeitspreisregelung"

Es liegen folgende Abnahmedaten vor:

Gesamtverbrauch	1.400.000 kWh	in STO A
Wärmeverbrauch	400.000 kWh	in STO B
Nachtanteil	30 %	in STO C
Sommeranteil	50 %	in STO D
Leistungsmaximum	500 kW	in STO E

Start: [A]

1.	Benutzungsdauer	T_m = 2.800 h
2.	Benutzungsdauerrabatt	R_B = 13,2 %
3.	Nachtrabatt	R_N = 9,0 %
4.	Jahreszeitenrabatt	R_J = 2,4 %
5.	Gesamtrabatt	R = 24,6 %
6.	Gesamtkosten	K_1 = 182.945,26 DM
7.	Gesamtkosten	K_2 = 182.945,26 DM

8.	Bonus (2 %)	B = 3.658,91 DM
9.	Gesamtkosten	K_3 = 179.286,35 DM
10.	Durchschnittspreis	$p_{\emptyset}$ = 0,1281 $\frac{DM}{kWh}$

Rechenzeit rd. 40 Sekunden

Eingabe: 2000, Start: [B]

1.	Benutzungsdauer	T_m = 2.800 h
2.	Benutzungsdauerrabatt	R_B = 13,2 %
3.	Nachtrabatt	R_N = 9,0 %
4.	Jahreszeitenrabatt	R_J = 2,4 %
5.	Gesamtrabatt	R = 24,6 %
6.	Gesamtkosten	K_1 = 183.735,52 DM
7.	Stop mit Anzeige	9,999999999E99
8.	Nach R/S Kosten für Fehlmenge	K_F = – 45.853,96 DM
9.	Gesamtkosten	K_2 = 229.589,48 DM
10.	Bonus (2 %)	B = 4.591,79 DM
11.	Gesamtkosten	K_3 = 224.997,69 DM
12.	Durchschnittspreis	$p_{\emptyset}$ = 0,1607 $\frac{DM}{kWh}$

Rechenzeit rd. 40 Sekunden

Die zweite Berechnung mit einer Vorhalteleistung von 2.000 kVA führt zu höheren Gesamtkosten K_1, da die Vergünstigung für den Preis der ersten Zone nicht zum Zuge kommt. Darüber hinaus fällt ein Betrag für die ungenügend ausgenutzte Leistungsvorhaltung (Fehlmenge) in Höhe von 47.260,15 DM an. Die Fehlmenge in Höhe von 400.000 kWh kann aus STO 9 abgerufen werden.

In einer zweiten Programmvariante gemäß Tabelle 4.3.2 ist die unter Ziffer 6 angegebene leistungsbezogene Strompreisgrundlage eingearbeitet. Bei Unterschreitung der Grundmenge wird hier in den Programmzeilen 171 bis 190 ein Aufschlag A nach Gl. (4.3.17) errechnet:

$$A = 60\ \frac{DM}{kW} \cdot f \cdot 0{,}9\ \frac{kW}{kVA} \cdot S_V \left(1 - \frac{[T_m]}{1000}\right) \qquad (4.3.17)$$

Außerdem ist bei dieser Variante zusätzlich die Möglichkeit gegeben, einen Blindstrommehrverbrauch in die Strompreisberechnung einzubeziehen. Der Blindstrommehrverbrauch kann nach dem Programmstop in Zeile 156 eingegeben werden. Mit den folgenden Programmanweisungen in Zeile 165 wird dieser mit 15 % des Wirkstrom-Jahresdurchschnittspreises berechnet.

Mit den unter 4.3.5 genannten Eingabedaten liefert das Programm folgende Ergebnisse:

Start: [A]

In einer ersten kurzen Pause wird das in STO E eingegebene Leistungsmaximum zu dem Zweck angezeigt, ggfs. durch Eingabe eines anderen Wertes (unter Berücksichtigung des Vorjahres) für die Benutzungsdauer eine veränderte Bezugsbasis vorsehen zu können.

1.	Benutzungsdauer	T_m = 2.800 h
2.	Benutzungsdauerrabatt	R_B = 13,2 %
3.	Nachtrabatt	R_N = 9,0 %
4.	Jahreszeitenrabatt	R_J = 2,4 %
5.	Gesamtrabatt	R = 24,6 %
6.	Gesamtkosten	K_1 = 182.945,26 DM

Hiernach erfolgt eine Programmunterbrechung mit dem Anzeigewert 0,00

Es besteht die Möglichkeit, einen Blindstrommehrverbrauch einzugeben. Zum Beispiel Blindstrommehrverbrauch Q_M = 50.000 kvar. Nach Betätigung der R/S-Taste wird das Programm fortgesetzt

7.	Blindstromkosten	K_B =	980,06 DM
8.	Gesamtkosten	K_2 =	183.925,32 DM
9.	Bonus (2 %)	B =	3.678,51 DM
10.	Gesamtkosten	K_3 =	180.246,81 DM
11.	Durchschnittspreis	$p_\varnothing$ =	0,1287 $\frac{DM}{kWh}$

Rechenzeit rd. 40 Sekunden

Eingabe: 2000, Start: [B]

1.	Benutzungsdauer	T_m =	2.800 h
2.	Benutzungsdauerrabatt	R_B =	13,2 %
3.	Nachtrabatt	R_N =	9,0 %
4.	Jahreszeitenrabatt	R_J =	2,4 %
5.	Gesamtrabatt	R =	24,6 %
6.	Gesamtkosten	K_1 =	183.735,52 DM
	Stop mit Anzeige		0,00
	Eingabe Blindstrommehrverbrauch	Q_M =	50.000 kvar
7.	Blindstromkosten	K_B =	984,30 DM
8.	Stop mit Anzeige		9,999999999E99
9.	Nach R/S Kosten für nicht ausgenutzte Leistung	K_F =	26.293,97 DM
10.	Gesamtkosten	K_2 =	211.013,78 DM
11.	Bonus (2 %)	B =	4.220,28 DM
12.	Gesamtkosten	K_3 =	206.793,51 DM
13.	Durchschnittspreis	$p_\varnothing$ =	0,1477 $\frac{DM}{kWh}$

Rechenzeit rd. 40 Sekunden

4.3.6 Beispiel einer Leistungspreisregelung

Leistungspreisregelungen für Sondervertragskunden enthalten im allgemeinen folgende in eine programmierte Berechnung einfließende vertraglichen Vereinbarungen:

Leistungspreisregelung

Das Entgelt wird ermittelt aus Leistungspreis, Arbeitspreis mit den zugeordneten Preisanpassungsfaktoren, Benutzungsdauerrabatt, Blindstromzuschlag und der Strompreisgrundlage.

1. Leistungspreis

Der Jahresleistungspreis für alle kW der Jahreshöchstleistung beträgt 160 DM/kW (Nennpreis).

Als Jahreshöchstleistung gilt das Mittel aus den beiden höchsten im Abrechnungsjahr aufgetretenen Monatsmaxima, mindestens jedoch 70 % der vorgehaltenen Leistung (1 kVA = 0,9 kW), zumindest aber 160 kW.

2. *Arbeitspreis*

Der Preis für die während der tariflichen Tageszeit bezogene elektrische Arbeit beträgt für

			Nennpreise
die ersten	240.000	kWh/Jahr	10,7 Pf/kWh
die weiteren	600.000	kWh/Jahr	9,4 Pf/kWh
die weiteren	3.960.000	kWh/Jahr	8,0 Pf/kWh
alle weiteren		kWh/Jahr	7,5 Pf/kWh.

Der Preis für die während der tariflichen Nachtzeit bezogene elektrische Arbeit beträgt für

die ersten	240.000	kWh/Jahr	6,3 Pf/kWh
die weiteren	600.000	kWh/Jahr	5,5 Pf/kWh
die weiteren	3.960.000	kWh/Jahr	4,7 Pf/kWh
alle weiteren		kWh/Jahr	4,4 Pf/kWh.

3. *Preisanpassungsklausel*

Die unter Ziffern 1 und 2 genannten Preise gelten für Stromlieferungen unter Kostenverhältnissen, die gekennzeichnet sind durch den Steinkohlenlistenpreis festgelegter Spezifikationen und durch einen auf Verbandsebene festgelegten Facharbeiter-Ecklohn. Auf dieser Basis wird je eine Preisanpassungsklausel für den Leistungspreis nach Absatz 1 und für den Arbeitspreis nach Absatz 2 vereinbart:

$$L_P = L_{P0}\left(a + b\,\frac{L}{L_0}\right) = L_{P0} \cdot f_L$$

$$p_A = p_{A0}\left(c + d\,\frac{L}{L_0} + e\,\frac{K}{K_0}\right) = p_{A0} \cdot f_A$$

mit: $a + b = 1,\ c + d + e = 1$

Darin bedeuten:

L_P = Neuer Leistungspreis
L_{P0} = Nennpreis z.B. 165 DM/kW
L = Verrechnungslohn z.B. 10,68 DM/Std
L_0 = Lohnbasis z.B. 9,06 DM/Std
p_A = Neuer Arbeitspreis
p_{A0} = Nennpreis
K = Verrechnungskohlenpreis z.B. 155,50 DM/t
K_0 = Kohlenpreisbasis z.B. 147 DM/t

Mit $a = 0{,}7$ und $b - 0{,}3$ ergibt sich $f_L = 1{,}053642$
Mit $c = 0{,}5$, $d = 0{,}1$ und $e = 0{,}4$ ergibt sich $f_A = 1{,}041010$

4. *Benutzungsdauerrabatt*

Beträgt in einem Abrechnungsjahr die Benutzungsdauer mehr als 4.000 Stunden/Jahr, so wird der sich aus den Ziffern 1 bis 3 ergebende Strompreis um einen Benutzungsdauerrabatt nach Gl. (4.3.3) ermäßigt.

5. *Blindstromzuschlag*

Die Strompreise gemäß Ziffern 1 bis 4 sind auf einen Blindstromverbrauch während der tariflichen Tageszeit in Höhe von höchstens 50 % des im gleichen Zeitraum gemessenen Wirkstromverbrauches ($\cos\varphi = 0{,}9$) abgestellt.

Überschreitet der so gemessene monatliche Tagesblindstromverbrauch 50 % des monatlichen Tageswirkstromverbrauches, so wird jede Blind-kWh (kvar), die über 50 % des monatlichen Tageswirkstromverbrauches hinaus bezogen wurde, mit einem Preis in Höhe von 15 % des jeweiligen Wirkstrom-Jahresdurchschnittspreises (gemäß Ziffer 1 bis 4) berechnet.

6. *Strompreisgrundlage*

Die Preisstellung gemäß Ziffern 1 bis 5 hat zur Voraussetzung, daß mit der jeweils vorgehaltenen Leistung in kW (1 kVA = 0,9 kW) mindestens elektrische Arbeit entsprechend 2.000 Benutzungsstunden/Jahr bezogen wird (Grundmenge).

Sollte in einem Abrechnungsjahr weniger als diese Grundmenge bezogen werden, so wird dennoch diese Grundmenge berechnet, und zwar der tatsächlich bezogene Teil mit den Preisen gemäß Ziffern 1 bis 5 und der nicht abgenommene Teil mit 70 % des Nachtstromarbeitspreises der letzten Zone gemäß Ziffern 2 und 3.

Auch bei diesem Vertragstyp sind zur Berechnung der Stromkosten eine Vielzahl logischer Entscheidungen zu treffen, so daß eine programmierte Berechnung besonderen Nutzen bringen wird.

4.3.7 Programmbeschreibung für Leistungspreisregelung

Das in Tabelle 4.3.3 angegebene Programm entspricht im strukturellen Aufbau dem Programm für die Strompreisberechnung nach der Arbeitspreisregelung. Als Eingabewerte sind der HT-Verbrauch in STO A, der NT-Verbrauch in STO B, der Blindstromverbrauch in STO C und das Leistungsmaximum in STO E vorgesehen. Die vor dem Start über Label B eingegebene Vorhalteleistung wird im Programm in Zeile 004 nach STO D abgespeichert. Da hier je vier Arbeitspreise für die Tag- und Nachtzeit (HT, NT) in gleicher Weise zu verarbeiten sind, ist es zweckmäßig, diese Strompreiskonstanten in korrespondierende Primär- und Sekundärspeicher als permanente Daten abzulegen. Die HT Arbeitspreise der ersten bis vierten Zone sind daher in die Primärspeicher STO 3 bis STO 6 und die entsprechenden NT Arbeitspreise sind in die Sekundärspeicher STO 3' bis STO 6' abgelegt. Die Abarbeitung der Verbrauchswerte kann dadurch im gleichen Unterprogramm erfolgen, wenn der jeweils benötigte Speicherbereich aktiviert ist. Hierzu wird durch die Anweisungen 012 bis 014 die indirekte Adressierung vorbereitet. Mit der Anweisung STO i in Zeile 019 wird der Gesamtverbrauch nach STO 7' abgespeichert. Mit den Anweisungen 020 bis 027 wird die Fehlmenge aus der Differenz der bezogenen Arbeit A_G zur Grundmenge G_m gebildet und nach STO 9 abgespeichert:

$$F = A_G - G_m \tag{4.3.17}$$

$$A_G = A_{HT} + A_{NT} \tag{4.3.18}$$

$$G_m = 0{,}9 \cdot P_{max} \cdot 2.000\ \mathrm{h} \tag{4.3.19}$$

Ist der Wert für die Fehlmenge nach Gl. (4.3.17) größer als null, d.h. die Grundmenge ist überschritten, so wird als Merkmal das Flag 2 gesetzt. Die Benutzungsdauer wird gemäß Gl. (4.3.5) mit den Anweisungen 030 bis 032 berechnet, nach STO 0 abgespeichert und als ganze Zahl ausgegeben. Mit den Anweisungen 035 bis 058 wird der Benutzungsdauerrabatt nach Gl. (4.3.3) berechnet und nach STO 0' abgespeichert. Die für die Leistungskosten anzusetzende Leistung wird durch die Anweisungen 066 bis 077 bestimmt und mit Hilfe der Registerarithmetik in Zeile 078 mit dem in STO 9′ abgespeicherten Leistungspreis multipliziert.

Mit der Anweisung RCL i in Zeile 079 wird der Leistungskostenfaktor aus STO 7 in das X-Register geholt und ebenfalls mit dem in STO 9′ abgespeicherten Wert multipliziert. Der somit berechnete Leistungskostenanteil wird mit der Anweisung in Zeile 082 ausgegeben. Anschließend wird durch zweimaliges Aufrufen des Unterprogrammes Label a der Arbeitskostenanteil berechnet, in den Zeilen 092 und 093 mit dem in STO 8 abgelegten Arbeitskostenfaktor f_A multipliziert und ausgegeben. Nach der Summenbildung mit den zuvor berechneten Leistungskosten werden die Gesamtkosten K_1 bestimmt:

$$K_1 = (K_L + K_A) \cdot \left(1 - \frac{B}{100\,\%}\right) \qquad (4.3.20)$$

Diese Gesamtkosten werden in Zeile 103 ausgegeben. Mit den Anweisungen in den Zeilen 104 bis 109 wird festgestellt, ob eine Blindstromberechnung erforderlich ist:

$$V_B - \frac{A_{HT}}{2} < 0 \qquad (4.3.21)$$

Falls diese Abfrage ein „ja" ergibt, wird die Programmbearbeitung bei Label 5 in Zeile 126 fortgesetzt. Anderenfalls wird eine Blindstromberechnung mit 15 % des Wirkstrom-Jahresdurchschnittspreises vorgenommen und das Programm mit 1,0...E88 in der Anzeige in Zeile 122 durch eine R/S-Anweisung gestoppt. Nach Betätigung der R/S-Taste werden die Kosten in DM für den Blindstromverbrauch ausgegeben.

In Zeile 127 wird in Abhängigkeit vom Ergebnis der Flag 2 – Abfrage eine Fehlmengenberechnung durchgeführt. Diese erstreckt sich von Zeile 129 bis 145. Mit Hilfe der N! Routine wird ein Programmstop mit 999... in der Anzeige erzeugt. Nach Betätigung der R/S-Taste werden die Kosten für die Fehlmenge in DM als negativer Wert ausgegeben. Die Gesamtkosten einschließlich der Blindstrom- und Fehlmengenberechnung werden in Zeile 147 ausgegeben:

$$K_2 = K_1 + K_B + K_F \qquad (4.3.22)$$

Anschließend wird noch ein Bonus gemäß Gl. (4.3.15) berücksichtigt und in einer kurzen Pause als DM-Betrag angezeigt. Die Gesamtkosten nach Bonus werden ausgegeben und zusätzlich in STO I abgespeichert. Nach Umschaltung auf ein vierstelliges Anzeigeformat in Zeile 159 wird noch der Durchschnittspreis in DM je kWh berechnet. Das logische Programmende ist bei Zeile 161 erreicht. Dagegen ist das physikalische Programmende bei der RTN Anweisung des Unterprogrammes Label a bei Zeile 223 erreicht.

4.3.8 Arbeitsblatt zur Leistungspreisregelung

a) Eingaben

STO A	Verbrauch HT in kWh	Start A:
STO B	Verbrauch NT in kWh	Vorhalteleistung = [STO E]
STO C	Blindstromverbrauch in bkWh	Start B:
STO E	Leistungsmaximum in kW	Vorhalteleistung = [Wert im X-Register]

Tabelle 4.3.3 Anweisungsliste „Leistungspreisregelung"

```
Start Pm  *LBLA
          RCLE
Start Sv  *LBLB
          STOD
          DSP0
          RCL5
          .
          0
          8
          X≠Y?
          P⇄S
          1
          7
          STOI
          RCLA
          STO1
          RCLB
          +
          STOi
          RCLD
          1
          8
          0
          0
          x
          -
          STO9
          X>0?
          SF2
          RCLi
          RCLE
          ÷
          STO0
          PRTX ⇒ Tm
          0
          RCLB
          P⇄S
          STO1
          R↓
          STO0
          STO8
          R↓
          4
          EEX
          3
          DSP2
          X>Y?
          GTO1
          -
          3
          x
          INT
          EEX
          3
          ÷
          RND
          STO0
          *LBL1
          RCL0
          PSE ⇒ RB
          RCLE
          1
          6
          0
          STO9
          X>Y?
          GTO2
          RCLD
          .
          6
          3
          x
          RCLE
          X>Y?
          GTO2
          X⇄Y
          *LBL2
          ST×9
          RCLi
          ST×9
          RCL9
          PRTX ⇒ KL
          P⇄S
          ISZI
          GSBa
          8
          STOI
          P⇄S
          GSBa
          RCLi
          P⇄S
          RCL8
          x
          P⇄S
          STO8
          PRTX ⇒ KA
          RCL9
          +
          RCL0
          %
          -
          STO1
          PRTX ⇒ K1
          RCLC
          RCLA
          2
          ÷
          -
          X<0?
          GTO5
          RCL1
          RCL7
          ÷
          x
          .
          1
          5
          x
          EEX
          8
          8
          R/S
          R↓
          PRTX ⇒ KB
          ST+1
          *LBL5
          F2?
          GTO6
          RCL6
          P⇄S
          RCL8
          x
          .
          7
          x
          RCL9
          P⇄S
          x
          EEX
          2
          N!
          R↓
          PRTX ⇒ KF
          ST-1
          *LBL6
          RCL1
          PRTX ⇒ K2
          2
          .
          5
          0
          %
          PSE ⇒ B
          -
          PRTX ⇒ K3
          STOI
          RCL7
          ÷
          DSP4
          P⇄S
          R/S ⇒ pΦ
          *LBLa
          2
          4
          EEX
          4
          STO2
          RCL1
          X>Y?
          GTO1
          RCL3
          GTO4
          *LBL1
          R↓
          RCL3
          x
          ST+i
          RCL2
          8
          4
          EEX
          4
          RCL1
          X>Y?
          GTO2
          RCL2
          -
          RCL4
          GTO4
          *LBL2
          R↓
          STO2
          -
          RCL4
          x
          ST-i
          RCL2
          4
          8
          EEX
          5
          RCL1
          X>Y?
          GTO3
          RCL2
          -
          RCL5
          GTO4
          *LBL3
          R↓
          STO2
          -
          RCL5
          x
          ST-i
          RCL1
          RCL2
          -
          RCL6
          *LBL4
          x
          ST+i
          RTN
```

b) Permanente Daten (P) und abgespeicherte Ergebnisse (A)

STO I A Gesamtkosten in DM

	Primärspeicher		Sekundärspeicher
STO 0 A	Benutzungsdauer in h	STO 0' A	Benutzungsdauerrabatt
STO 1 A	Verbrauch HT in kWh	STO 1' A	Gesamtkosten vor Bonus
STO 2 A	Hilfsspeicher	STO 2' A	Hilfsspeicher
STO 3 P	HT Arbeitspreis 1. Zone	STO 3' P	NT Arbeitspreis 1. Zone
STO 4 P	HT Arbeitspreis 2. Zone	STO 4' P	NT Arbeitspreis 2. Zone
STO 5 P	HT Arbeitspreis 3. Zone	STO 5' P	NT Arbeitspreis 3. Zone
STO 6 P	HT Arbeitspreis 4. Zone	STO 6' P	NT Arbeitspreis 4. Zone
STO 7 P	Leistungskostenfaktor f_L	STO 7' A	Gesamtverbrauch in kWh
STO 8 P	Arbeitskostenfaktor f_A	STO 8' A	Arbeitskosten in DM
STO 9 A	Fehlmenge $F = A_G - G_m$	STO 9' A	Leistungskosten in DM
STO D A	Vorhalteleistung in kVA		

c) Angezeigte Ergebnisse

1. lange Pause: Benutzungsdauer T_m in h
2. kurze Pause: Benutzungsdauerrabatt R_B in %
3. lange Pause: Leistungskosten K_L in DM
4. lange Pause: Arbeitskosten K_A in DM
5. lange Pause: Gesamtkosten K_1 in DM (vor Blindstrom und Fehlmengenzuschlag)
6. Falls zu berechnender Blindstromverbrauch Stop bei 1. E88
   Nach R/S lange Pause: Blindstromkosten K_B in DM
7. Falls Grundmenge nicht erreicht Stop bei 999999......
   Nach R/S lange Pause: Kosten für Fehlmenge K_F in DM (negativer Wert)
8. lange Pause: Gesamtkosten K_2 in DM (vor Bonus)
9. kurze Pause: Bonus B in DM
10. lange Pause: Gesamtkosten K_3 in DM (nach Bonus)
11. Stop: Durchschnittspreis $p_\emptyset$ in DM/kWh

4.3.9 Test- und Anwendungsbeispiel „Leistungspreisregelung"

Es liegen folgende Abnahmedaten vor:

Verbrauch HT	1.400.000 kWh	in STO A	
Verbrauch NT	400.000 kWh	in STO B	
Blindstromverbrauch	1.000.000 kvar	in STO C	
Leistungsmaximum	500 kW	in STO E	(400 kW)

Start: [A]

1. Benutzungsdauer	T_m =	3.600 h	(4.500 h)
2. Benutzungsdauerrabatt	R_B =	0,00 %	(1,5 %)
3. Leistungskosten	K_L =	84.291,36 DM	(67.433,09 DM)
4. Arbeitskosten	K_A =	156.984,31 DM	(156.984,31 DM)
5. Gesamtkosten	K_1 =	241.275,67 DM	(221.051,14 DM)

6.	Stop mit Anzeige	1.000000000 E 88	(1.000000000 E 88)
7.	Nach R/S Kosten für Blindstrom	K_B = 6.031,89 DM	(5.526,28 DM)
8.	Gesamtkosten	K_2 = 247.307,56 DM	(226.577,41 DM)
9.	Bonus (2,50 %)	B = 6.182,69 DM	(5.664,44 DM)
10.	Gesamtkosten	K_3 = 241.124,87 DM	(220.912,98 DM)
11.	Durchschnittspreis	$p_ø = 0{,}1340 \frac{DM}{kWh}$	$\left(0{,}1227 \frac{DM}{kWh}\right)$

(Klammerwerte gelten für $P_{max} = 400$ kW)

Rechenzeit rd. 50 Sekunden

Eingabe: 2000, Start: [B]

1.	Benutzungsdauer	T_m = 3.600 h
2.	Benutzungsdauerrabatt	R_B = 0,00 %
3.	Leistungskosten	K_L = 212.414,23 DM
4.	Arbeitskosten	K_A = 156.984,31 DM
5.	Gesamtkosten	K_1 = 369.398,54 DM
6.	Stop mit Anzeige	1.000 000 000 E 88
7.	Nach R/S Kosten für Blindstrom	K_B = 9.234,96 DM
8.	Stop mit Anzeige	9.999 999 999 E 99
9.	Nach R/S Kosten für Fehlmenge	K_F = –57.713,59 DM
10.	Gesamtkosten	K_2 = 436.347,09 DM
11.	Bonus (2,50 %)	B = 10.908,68 DM
12.	Gesamtkosten	K_1 = 425.438,42 DM
13.	Durchschnittspreis	$p_ø = 0{,}2364 \frac{DM}{kWh}$

4.3.10 Strompreisberechnung im Dialogverkehr

Mit dem Rechnertyp HP 41 C können, ausgehend von einem im Dialogverkehr aufgebauten Datensatz, mehrere Strompreisregelungen nacheinander berechnet werden. Dadurch ist ein unmittelbarer Preisvergleich, insbesondere auch unter Berücksichtigung prognostizierter Veränderungen in der Abnahmestruktur möglich. In Bild 4.3.2 ist als Beispiel einer derartigen Vergleichsberechnung ein HP 41 C-Listing [für drei Vertragstypen] angegeben. Die Bearbeitungszeit (Dateneingabe, Rechenzeit und Druckzeit) beträgt rund drei Minuten.

Die einzelnen Programmteile sind über eigene Startadressen und entsprechende Zuweisungen über die Tastatur aufrufbar. Für ein derartig im Unterprogrammtechnik gegliedertes Programm ist eine Rechnerausstattung mit drei zusätzlichen RAM-Einsteckspeichermodulen erforderlich. Die Abspeicherung des gesamten Programms erfordert einschließlich der Datenregister und Statusinformationen 9 Magnetkarten, die mit Hilfe der „WALL“-Anweisung als Gesamt-Speicherauszug beschrieben werden.

Eingabedialog:

```
            XEQ "MUSTER"
EVU
NAME
BEARBEITER

HT-VERBRAUCH
        500.000,00      RUN
NT-VERBRAUCH
        400.000,00      RUN
HT-WAERME?
        200.000,00      RUN
NT-WAERME?
        100.000,00      RUN
SOMMER%?
             60,00      RUN
P MAX KW?
            200,00      RUN
VOR. KVA?
            250,00      RUN
BLIND-M?
         50.000,00      RUN
DIVISOR?
                        RUN
B. STUNDEN 4.500,
```

Ergebnisse:

```
L55:
B-RAB%: 6,7
J-AUS%: 4,0
GESAMTRABATT
%: 10,7
LEISTUNGSKOSTEN
DM: 25.116,36
ARBEITSKOSTEN
DM: 101.260,39
BLINDSTROM
DM: 940,45
GESAMTKOSTEN
DM: 113.794,89
BONUS
DM: 3.425,23
ENTGELT
DM: 110.369,66

PFG/KWH: 12,26
```

```
L120:
B-RAB%: 1,50
LEISTUNGSKOSTEN
DM: 36.650,47
ARBEITSKOSTEN
DM: 74.968,65
BLINDSTROM
DM: 916,21
GESAMTKOSTEN
DM: 110.861,04
BONUS
DM: 3.891,22
ENTGELT
DM: 106.969,82

PFG/KWH: 11,89
```

```
Z:
B-RAB%: 14,0
N-RAB%: 13,2
J-AUS%: 4,0
GESAMTRABATT
%: 31,2
ARBEITSKOSTEN
DM: 113.831,78
BLINDSTROM
DM. 948,60
GESAMTKOSTEN
DM: 114.780,38
BONUS
DM: 2.880,99
ENTGELT
DM: 111.899,39

PFG/KWH: 12,43
```

Bild 4.3.2 Listing einer Strompreisvergleichsrechnung mit dem Rechner HP 41C

Der Rechner HP 41 C bietet in Verbindung mit dem Drucker die Möglichkeit, durch Aufruf eines internen Zeichenprogramms „PRPLOT" Funktionen der Form y = f(x) graphisch darzustellen. Als Beispiel hierzu wird der in Abschnitt 4.3.1 d angesprochene Jahreszeitenausgleich als Unterprogramm mit der Adresse „J-AUS" dem Zeichenprogramm zur Verfügung gestellt. Als Ergebnis wird das in Bild 4.3.3 angegebene Diagramm für den Jahresausgleich für einen Summenanteil von 0 % bis 100 % ausgegeben.

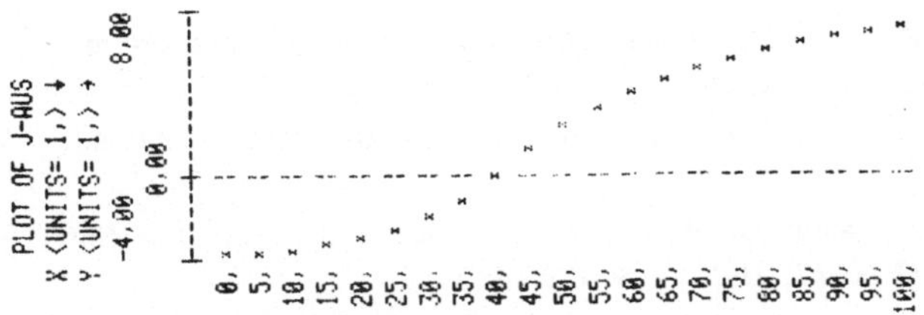

Bild 4.3.3 Jahreszeitenausgleichs-Diagramm

Literaturverzeichnis

[1] Bedienungs- und Programmierhandbuch HP 41C, Hewlett-Packard, Company, 00041-90012, August 1979

[2] *Flosdorff, R.; Hilgarth, G.:* Elektrische Energieverteilung, B. G. Teubner, Stuttgart, 1973

[3] *Elgerd, O. I.:* Electric Energy Systems. Theory: An Introduction, Tata Mc Graw-Hill Publishing Company Ltd. New Delhi, 1975

[4] *Hochrainer, A.:* Symmetrische Komponenten in Drehstromsystemen, Springer-Verlag, Berlin, Göttingen, Heidelberg, 1957

[5] *Becker, A.; Voigt, H.:* Mathematisches Hilfsbuch für die Wechselstromtechnik, Fachbuchverlag Leipzig, 6. Auflage, 1959

[6] *Kupfmüller, K.:* Einführung in die theoretische Elektrotechnik, Springer-Verlag, Berlin, Göttingen, Heidelberg, 6. Auflage, 1959

[7] *Alt, H.:*Beitrag zur Spannungs-Blindleistungsregelung mit gesteuerten Netzkennlinien, Dissertation TH Aachen, 1975

[8] *Denzel, P.:* Grundlagen der Übertragung elektrischer Energie, Springer-Verlag, Berlin, Heidelberg, New York, 1966

[9] Siemens-Handbuch der Elektrotechnik, Verlag W. Girardet, Essen, 1971

[10] VDE 0102, Teil 1, 2: Leitsätze für die Berechnung von Kurzschlußströmen, VDE-Verlag GmbH, Berlin 12

[11] VDE 0103: Leitsätze für die Bemessung von Starkstromanlagen auf mechanische und thermische Kurzschlußfestigkeit, VDE-Verlag GmbH, Berlin 12

[12] *Berger, K.:* Analyse von Blitzphotos, Umschau 1968, Heft 15, S. 455 ff.

[13] *Wiesinger, J.; Hasse, P.:* Handbuch für Blitzschutz und Erdung, Richard Pflaum Verlag KG München, VDE-Verlag GmbH, Berlin (1977), ISBN 3-8007-1136-2

[14] *Palic, M.; Becker, O.:* Blitzschutz in Hochspannungsanlagen, Elektrische Energietechnik, 24 Jg., 1979, S. 145–148

[15] DIN 57.101/VDE 0101 VDE-Bestimmung für das Errichten von Starkstromanlagen mit Nennspannungen über 1 kV, Entwurf August 1977, Beuth Verlag GmbH, Berlin 30

[16] VDE 0298, Teil 2: Verwendung von Kabeln und isolierten Leitungen für Starkstromanlagen, VDE-Verlag GmbH, Berlin 12

[17] Statistischer Jahresbericht des Referates Elektrizitätswirtschaft im Bundesministerium für Wirtschaft, 29. Bericht, Elektrizitätswirtschaft Jg. 77 (1978), S. 788

[18] DIN 19236: Optimierung, Begriffe, Deutsche Elektrotechnische Kommission im DIN und VDE (DKE), Januar 1977

[19] *Heuck, K.:* Wirtschaftliche Lastverteilung thermisch erzeugter Energie für kurzfristige Zeiträume, Elektrizitätswirtschaft 77 (1978), Heft 14, S. 479–485

[20] *Klätte, G.:* Keine progressiven Stromtarife sondern kostengerechte Preise, Beilage zur Werkzeitschrift „RWE-Verbund" Ausgabe Nr. 98/Mai 1977

[21] RWE: Allgemeine Tarife für die Versorgung mit elektrischer Arbeit aus dem Niederspannungsnetz, Fassung vom 01.03.1978

[22] *Flad, R.:* Sämtliche Möglichkeiten zur Senkung von Strombedarf und Stromkosten, Weka-Verlag GmbH, Kissing (1977)

[23] VDEW: Begriffsbestimmungen in der Energiewirtschaft, Bd. 1, Elektrizitätswirtschaftliche Grundbegriffe Teil 1, 4. Ausgabe 1973, VDEW, Frankfurt/Main

Sachwortverzeichnis

Software-Information für den Benutzer von HP-Rechnern

Baustatik:

Umfangreiche Programmsammlung in DIN-Norm von Ing. (grad.) *W. Mücke:* Berechnung von Einfeld- und Durchlaufträger, Beton-Stahlbeton-Bemessung nach DIN 1045, Fundamente, Rahmen, Ing.-Holzbau, Stahl- und Grundbau, Spannbeton- und Brückenbau.

Bauphysik:

Zahlreiche Programme für Heizungs-/Klimatechnik, Akustik und Sanitär von Ing. (grad.) *H. Markert*

Maschinenbau:

Programme zur Berechnung von zylindrischen Schraubenfedern, Schrumpfen, Verzahnungen, Rohrleitungen, mehrfach abgesetzte Maschinenwellen von Prof. Dr.-Ing. *M. Wink*

Geodäsie:

Programme aus dem Bereich Straßenplanung und Absteckung, Ingenieur-Geodäsie, Landesvermessung, Photogrammetrie von Prof. Dipl.-Ing. *H. Oberste-Brink-Bockholt*

Navigation:

Programme zur Berechnung der astronomischen Standordbestimmung, Gestirnsuche, Koppelrechnung, Orthodrome, Luxodrome von *R. Wurster*

Finanzmathematik:

Berechnung der Einkommens-, Gewerbe-, Körperschafts- und Lohnsteuer, Zeitwertberechnung, Betriebsrentenanpassung, Kontokorrenzrechnung von Dr. *A. Braun*
Braess/Fangmeyer „Elektronische Effektivzinsberechnung", Annuitätendarlehen, Darlehen und Wertpapiere mit Patenttilgung, Festdarlehen und gesamtfällige Wertpapiere von Dipl. Mathematiker *H. Fangmeyer* und Bankkaufmann *A. Beer*

Forst- u. Waldwirtschaft:

Berechnung des Aufhöhenfaktors, Aufhöhe, Mittendurchmesser, gesamte Erntefestmeter ohne Rinde. Inhalt des Einzelstammes von *R. Düser*

Sämtliche Programme mit ausführlicher Dokumentation incl. Magnetkarten.

Umfangreiche Software aus unserem Hause:

Statistik – Maschinenbau – Finanzmathematik – Elektronik – Spiele – Vermessung – Navigation – Nuklearmedizin.

„Users-Club" für Programmaustausch:

Der HP *Users-Club* zählt über 5000 Mitglieder. Es gibt über 3000 Programme. Zusätzlich stehen weitere Programmsammlungen mit jeweils 10 bis 15 Programmen, ohne Magnetkarten, unterschiedlicher Sachgebiete zur Verfügung.

Adressenliste: Weitere Programmsammlungen von Anbietern der verschiedensten Fachrichtungen auf Anfrage.

Fordern Sie weitere Informationen beim Fachhandel an oder direkt bei:

**Hewlett-Packard GmbH/Vertrieb, Berner Straße 117,
6000 Frankfurt 56, Tel. (0611) 5004-1**

Taschenrechner + Mikrocomputer Jahrbuch 1981

Anwendungsbereiche – Produktübersichten – Programmierung – Entwicklungstendenzen – Tabellen – Adressen. Herausgegeben von Harald Schumny. 1980. VIII, 296 S. mit zahlreichen Abbildungen. 19 X 24 cm. Kart. 24,80 DM

Das „Taschenrechner + Mikrocomputer Jahrbuch" gibt eine systematische und aktuelle Fachinformation, die einen schnellen und gezielten Zugriff gestattet und bietet mit vergleichenden Übersichten, technischen Daten, Adressen usw. zuverlässige Orientierungshilfen.

Inhalt: ***Fachteil:*** Beiträge zu den Themen Taschenrechner, Mikrocomputer, Peripheriegeräte und Speichertechnik. Die Rubrik „Programme" enthält für programmierbare Taschenrechner und Mikrocomputer, geordnet nach Typen, zahlreiche ausgetestete Programme mit Beschreibung.

Datenteil: Produktübersichten mit Preisangaben, Adressen, Bücher, Zeitschriften, Produktneuheiten.

Unwissenheit fördert Angst, Wissen gibt Sicherheit. Jedem eine solide Basis bietet das neue

Taschenrechner + Mikrocomputer Jahrbuch 1981

mit aktuellen Beiträgen über
– Taschenrechner
– Mikrocomputer
– Peripheriegeräte und Speichertechnik
– Programme,

mit interessantem Datenteil und Sachwortverzeichnis. Die Autoren sind Praktiker, unmittelbar an der rasanten Entwicklung der neuen Technologien beteiligt. Also Aufschluß aus erster Hand! Über die Gegenwart wie über die künftige Entwicklung.